运输类飞机鸟撞
适航要求解析及审定实践

张迎春　陆晓华　张柱国　编著

科学出版社

北京

内 容 简 介

本书围绕鸟撞适航要求,主要介绍条款演变历程、针对运输类飞机的鸟撞适航审定要素及符合性验证方法、现有鸟撞条款对我国鸟情环境下运行的运输类飞机的充分性和适宜性、运输类飞机典型结构的鸟撞适航审定案例,以及与鸟撞条款相关的新技术应用发展和展望。附录中主要介绍了我国民航七大地区十个中大型机场附近的鸟类分布情况,总结了我国机场附近总体鸟类环境特征,统计了 2006~2017 年的我国民航鸟撞航空器信息,并与美国民航机场附近的鸟撞航空器信息做了比较。

本书可以用于指导运输类飞机结构鸟撞适航审定和抗鸟撞设计改进,也可以为因鸟情环境变化而修订鸟撞适航条款提供决策参考。本书适用于从事鸟撞适航审定和飞机抗鸟撞结构设计的工程技术人员,也可以作为民航监管部门和适航相关方向的教学培训和研究人员的参考书。

图书在版编目(CIP)数据

运输类飞机鸟撞适航要求解析及审定实践 / 张迎春,
陆晓华, 张柱国编著. —北京:科学出版社, 2023.6
ISBN 978-7-03-075390-8

Ⅰ. ①运… Ⅱ. ①张… ②陆… ③张… Ⅲ. ①运输机
—鸟撞击—适航性 Ⅳ. ①V271.2

中国国家版本馆 CIP 数据核字(2023)第 065616 号

责任编辑:胡文治 / 责任校对:谭宏宇
责任印制:黄晓鸣 / 封面设计:殷 靓

科学出版社 出版
北京东黄城根北街 16 号
邮政编码:100717
http://www.sciencep.com

南京展望文化发展有限公司排版
苏州市越洋印刷有限公司印刷
科学出版社发行 各地新华书店经销

*

2023 年 6 月第 一 版 开本:B5(720×1000)
2023 年 6 月第一次印刷 印张:14 1/2
字数:282 000

定价:120.00 元
(如有印装质量问题,我社负责调换)

序

  鸟撞(又称鸟击)是一种世界范围内的突发性和多发性飞行运行事件,近年来,发生在我国的鸟撞民用航空器事件、鸟撞航空器损伤事件以及一般事故征候数量持续增长,鸟撞已连年成为我国第一大航空安全事故征候类型。

  针对日益变化的鸟群生态环境及其对航空器运行环境的影响,审视现有的相关适航标准的适宜性和充分性、研究鸟撞适航条款制定修订的安全性模型、完善相应的适航符合性指导材料,是保障民用航空安全的必要举措。为此,中国民用航空局立项"我国运输环境下运输飞机鸟撞适航安全关键技术研究"重大科技专项(项目编号 MHRD20150103),由中国民用航空上海航空器适航审定中心负责,联合国内多家科研院所、高校、企业,统计分析了我国 10 余年的鸟撞航空器案例,评估现行鸟撞适航条款对我国运行环境的充分性和适宜性,对比国内外鸟撞适航条款的差异性,研究国外适航当局制定修订条款的背景,建立鸟撞适航条款的审定要素和符合性判定准则,提出飞机典型结构鸟撞适航审查建议和审定指南,试制了更加环保和经济的替代性鸟弹(明胶鸟弹)。该项目在鸟撞适航条款修订的安全性评估、鸟撞冲击仿真精度提高、明胶鸟弹研制和验证,以及鸟撞适航审定标准化等方面具有创新性,部分研究成果填补了国内空白,相关研究成果已经应用于国内外多个机型的型号合格审定或型号认可审定,取得了显著的社会效益和经济效益。该项目还锻炼和培育了一批高层次适航工程技术人才,形成了一支产-学-研-用相结合的研究团队,希望研究团队以此为契机,持续跟踪和研究国内外鸟撞适航标准及审定技术的前沿发展,为进一步提高我国在运输类飞机鸟撞适航审定方面的国际影响力做出贡献。

  本书是中国民用航空局资助的科技创新引导基金重大项目的研究成果之一,可以为从事运输类飞机研制和适航审定的人员在抗鸟撞设计和审查工作方面提供参考。

中国民用航空适航审定中心副主任 戴顺安

2022 年 10 月

前　言

　　早期的航空器设计制造水平不高,飞行速度较低,通常情况下飞行员都可以通过目视发现飞鸟并进行避让,且当时飞机数量十分稀少,很少发生鸟撞事故,因此最初在设计时并没有对飞机提出抗鸟撞相关要求。随着社会的发展和航空运输业的需求增长,不断提高的航空器飞行速度以及急剧增加的在役航空器数量使得鸟撞航空器事件及事故征候(包括事故)数量持续攀升,给航空运输安全带来较大的困扰,由此开启了民用航空器抗鸟撞适航标准的制定、修订历程。

　　从适航管理的角度来说,没有100%的安全,只有拟定的安全水平或者风险是否可以被接受。因此,"适航条款中规定多少质量的鸟"的问题其实就演变成"设计什么样的飞机结构在现实鸟情环境下发生的鸟撞风险是可以接受的"和"在什么严酷条件下的试验验证结果表明设计的飞机结构是可靠的"。中国、美国和欧洲的鸟情环境各异,同一型号的飞机,在中国、美国和欧洲发生鸟撞的风险也不同;中国、美国和欧洲将鸟撞的可接受风险规定在同一个水平上,则各自适航条款中规定的鸟体质量可能不尽相同。除了航空器运行的安全性要求外,经济性分析也是制定、修订适航标准的重要考虑因素之一。据统计,美国平均每年因鸟撞事件造成的经济损失约2亿美元,其中与维修相关的费用超过80%;我国平均每年因鸟撞事件造成的经济损失约1亿人民币,其中直接费用超过90%。因此,鸟情环境、鸟撞风险、飞机结构和系统安全、经济性分析、鸟撞审定经验等都是开展鸟撞适航条款制定、修订和评估的关键因素。

　　为探索我国自主制定、修订适航规章条款的途径和方法,以"了解规章背景—分析条款内涵—研究环境差异—总结型号经验"为总体思路,本书从适航审查的角度介绍国外适航当局颁布的鸟撞适航条款的制定、修订背景及演变历程,解析国内外运输类飞机鸟撞适航条款要求和差异,研究基于我国鸟情的现行鸟撞适航条款的充分性和适宜性,梳理运输类飞机的鸟撞适航审定要素和主流符合性验证技术及流程方法,总结国内外运输类飞机鸟撞适航条款审定经验和案例,展望新材料、新技术、新设计特征下的鸟撞条款符合性设计验证技术,并首次系统总结了我国主要机场附近的鸟情环境和民航鸟撞航空器信息。本书各章节内容构成如下。

第1章介绍了鸟撞事故案例及鸟撞事件对民航运输的影响。主要回顾了历史上多起因鸟撞飞机机体或发动机导致飞机损坏和人员伤亡的事故案例,并简要分析了鸟撞事件对民航运输安全、民航运输经济的影响。

第2章介绍了鸟撞相关适航条款及其演变历程。主要针对 FAA、EASA 和 CAAC 对鸟撞适航条款制定修订背景、机制以及条款内容进行分析对比,总结了欧美国家对鸟撞适航条款讨论的协调历程、修订依据和当前争论的焦点。

第3章介绍了基于我国鸟情的鸟撞适航条款安全性分析方法及结果。根据我国 2006~2017 年的鸟撞航空器信息,统计分析了我国鸟情环境下的鸟撞冲击能量分布规律,对我国现行沿用的鸟撞适航条款的充分性和适宜性进行研究,并与美国鸟情环境下的适航条款的充分性和适宜性进行比较分析,研究我国鸟撞相关适航条款的修订趋势。

第4章介绍了鸟撞适航审定要素和符合性验证技术方法。根据飞机鸟撞适航规章要求和审定经验,总结梳理了运输类飞机鸟撞适航要求及符合性验证方法,提出了鸟撞审定要素和符合性判定准则,阐述了目前主流的鸟撞试验技术和数值分析方法,并对基于经验公式的鸟撞数值分析方法以实际案例进行了估算演示。

第5章介绍了飞机典型结构的鸟撞适航审定案例。对飞机机头、机翼、平尾等典型结构部位从结构安全性分析、系统安全性分析以及试验验证等方面进行了鸟撞审定流程、分析方法和判据结果的审定案例介绍。

第6章对鸟撞条款符合性设计验证相关新技术进行了展望。从飞机结构设计的新材料、新技术应用等方面讨论了未来鸟撞适航审定的相关关注点,并介绍了人工鸟弹研制情况、要素及其审定展望。

附录 A、附录 B 分析了我国主要机场附近的总体鸟类环境,总结了我国民用航空器遭遇鸟撞的相关信息,并对国内鸟撞民用航空器事件进行了较为全面和系统地统计分析。

附表 A~D 是第4章中鸟弹试验涉及的相关记录表格;附表 E、F 是第6章中明胶鸟弹研制中涉及的相关记录表格。

本书是中国民用航空局科技创新引导基金重大项目"我国运输环境下运输飞机鸟撞适航安全关键技术研究"的主要成果之一,在项目研究和书稿编写过程中得到中国民用航空局航空器适航审定司、中国民用航空适航审定中心、南京航空航天大学、西北工业大学、上海飞机设计研究院、中国民用航空科学技术研究院、中国民用航空管理干部学院、山东航空股份有限公司、复旦大学以及江苏铁锚玻璃股份有限公司等单位及其相关领导、专家和工程技术人员的大力支持,在此一并表示感谢。

　　第 1 章由上海航空器适航审定中心张迎春副主任兼总工程师编著;第 2 章由上海航空器适航审定中心张柱国和南京航空航天大学陆晓华编著;第 3 章由南京航空航天大学陆晓华和蔡景编著;第 4 章由上海航空器适航审定中心张柱国、西北工业大学汤忠斌和南京航空航天大学陆晓华编著;第 5 章由上海航空器适航审定中心张迎春和张柱国编著;第 6 章由上海航空器适航审定中心张柱国、南京航空航天大学陆晓华和西北工业大学汤忠斌编著,附录部分由中国民用航空科学技术研究院张洁和南京航空航天大学陆晓华编著。全书由张迎春主审和统稿,陆晓华负责编排。中国民用航空适航审定中心戴顺安副主任、南京航空航天大学左洪福教授、西北工业大学李玉龙教授、上海飞机设计研究院周良道副总师对本书提出了诸多建设性意见。本书引用了部分国内外学者和政府机构及相关组织的文献资料,南京航空航天大学的朱贝蓓、西北工业大学的冯秀智等研究生完成了本书的部分基础研究工作,在此一并表示衷心的感谢。

　　由于作者的水平有限,书中难免存在疏漏之处,敬请读者批评指正。也希望本书的出版对规章制定和监管机构、机场防鸟驱鸟部门、航空器运维单位以及从事飞机抗鸟撞结构设计、鸟撞适航审定的工程技术人员和适航相关方向的教学科研师生及研究人员起到一定的指导借鉴作用,这是本书撰写和出版的最大初心!

编著者

2022 年 10 月

缩略词

缩略词	释　　义
AC	咨询通告,Advisory Circular
AD	拟合分布统计量,anderson-darling
ARAC	航空立法咨询委员会, Aviation Rulemaking Advisory Committee
ARP	航空推荐实践,aerospace recommended practice
BCAR	英国民航适航性要求,British Civil Airworthiness Requirements
CAA	民用航空管理局,Civil Aeronautics Administration/Authority
CAAC	中国民用航空局,Civil Aviation Administration of China
CAB	民用航空委员会,Civil Aeronautics Board
CAR	民用航空规章,Civil Air Regulation
CCA	共因分析,common cause analysis
CCAR	中国民用航空规章,China Civil Aviation Regulation
CI	成本指数,cost index
CMA	共模分析,common mode analysis
CS	审定规范,certification specifications
DEP	设计眼位位置,design eye position
DOT	美国运输部,Department of Transportation
EAS	当量空速,equivalent airspeed
EASA	欧盟航空安全局,European Union Aviation Safety Agency

缩略词	释 义
EO	行政命令, executive order
EOS	状态方程, equation of state
FAA	美国联邦航空局, Federal Aviation Administration/Agency
FAR	美国联邦航空规章, Federal Aviation Regulation
GS	凝胶替代品, gelatin substitute
GSHWG	一般结构协调工作组, General Structures Harmonization Working Group
HUD	平视显示器, head-up display
JAA	欧洲联合航空局, Joint Aviation Authorities
JAR	联合航空要求, Joint Aviation Requirements
NPRM	立法提案通告, notice of proposed rulemaking
NPA	建议修正案通告, notice of proposed amendment
NTSB	美国国家运输安全委员会, National Transportation Safety Board
NWSD	美国国家野生动物撞击数据库, National Wildlife Strike Database
PRA	特殊风险分析, special risk analysis
PS	聚苯乙烯, polystyrene
RH	相对湿度, relative humidity
RIA	规章影响评估, regulatory impact assessment
RMSE	均方差, root mean square error
SAE	美国汽车工程师学会, Society of Automotive Engineers
SPH	光滑粒子动力学, smoothed particle hydrodynamics
SSE	残差平方和, sum of square error
TAS	真空速, true airspeed
ZSA	区域安全性分析, zonal safety analysis

目　录

第1章
鸟撞事故案例及鸟撞事件对民航运输的影响

1905年9月7日,距完成人类历史上首次有动力的飞行创举后不到两年,莱特兄弟驾驶飞机时与一只鸟相撞,这可能是世界上首次飞机遭受鸟撞的报道。

1912年美国飞行员卡尔·罗杰斯驾驶飞机横穿美洲大陆,在飞行中飞机与一只海鸥相撞,海鸥卡住了飞机的控制电缆导致飞机在美国加利福尼亚州的长滩坠毁,飞行员本人遇难,这是世界航空史上首次因鸟撞导致机毁人亡的事故。据美国交通部和农业部统计,1988~2019年,野生动物(绝大多数是鸟类)撞击航空器已造成超过292人遇难和271架飞机损毁,造成巨大经济损失[1]。据中国民用航空局有关部门保守统计,我国2006~2017年发生了3万余起有记录的鸟撞民机事件,尽管没有发生因鸟撞引起的机毁人亡事故,但也造成了较大的经济损失。随着航空运输业的持续快速发展,以及人类对自然生态环境保护的不断加强,鸟撞对航空运输安全的威胁有增无减,已成为一个全球性和全行业的问题。

1.1 鸟撞导致民航飞机失事的历史案例回顾

1960年10月4日,一架美国东方航空公司的洛克希德L-188(Electra)飞机(图1.1[2]),在马萨诸塞州洛根国际机场起飞后不久坠毁。飞机在大约120 ft①的高度撞上了一大群椋鸟(八哥),这些鸟被吸入到1号、2号和4号发动机。1号发动机的螺旋桨自动顺桨,随后机组关闭了该发动机;2号和4号发动机也经历了突然的推力损失。由此产生的推力损失、相关的推力不对称和空速下降导致飞机失控并最终坠毁,机上72名乘员仅10人幸免于难。

在该事故发生之前,一般认为大型商用飞机的发动机在鸟撞时不会失效,所

_____

① 1 ft=0.304 8 m。

图 1.1　美国东方航空公司 Electra 飞机及鸟撞残骸

以当时的适航规章中并没有关于飞机或发动机鸟撞威胁的明确标准。从当时的历史经验来看,虽然在航空历史上鸟撞也偶有发生,但它还未表现出是一个特别严重的威胁,这起事故也被定为运输类飞机第一起由于遭遇鸟撞导致坠毁的事故。这起事故之后,关于发动机鸟撞的相关要求逐步纳入民用航空发动机适航规章之中。

1975 年 11 月 12 日,一架 DC - 10 - 30 飞机在美国纽约肯尼迪国际机场起飞滑跑过程中撞上了一群海鸥,飞行机组中断起飞,但 3 号发动机起火。在减速过程中飞机偏离跑道,右主起落架失效,进而机翼撞击地面,燃油泄漏,发生大面积的地面火灾(图 1.2[3]),32 人受伤。该事故促进了发动机鸟撞标准的进一步完善。

图 1.2　DC - 10 - 30 飞机及鸟撞着火

此外,还有多起涉及发动机的鸟撞事故。1973 年 2 月 26 日,一架 Learjet 24 飞机在美国亚特兰大机场起飞时撞上了一群鸟,导致发动机损坏,飞机坠撞,机上 8 人丧生,地面 1 人严重受伤。1988 年,一架 B737 - 200 飞机在埃塞俄比亚起飞时两侧发动机吸入鸽群,发动机失去推力,飞机坠毁导致百余人伤亡。2009 年 1 月 15 日,全美航空 1549 航班(空中客车 A320 - 200 机型)在纽约拉瓜迪机场起飞后不久即遭遇群鸟撞击,双发丧失动力,所幸机长萨伦伯格紧急操纵飞机降落在哈德逊河上,机上 150 名乘员全部幸存,创造了民航史上的奇迹。事件发生后,通过拆解发动机,发现鸟体穿过了风扇、导向叶片、核心机以及低压涡轮等内部结构,如图 1.3 所示[4]。

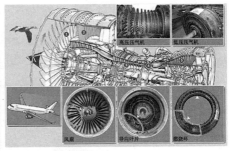

图 1.3　全美航空 1549 航班鸟撞后水上迫降及发动机吸鸟过程

2019 年 8 月 15 日,俄罗斯乌拉尔航空由莫斯科茹科夫斯基国际机场飞往克里米亚的 U6178 次航班,起飞后两台发动机都遭遇了鸟撞,双发失效,飞机紧急迫降在机场外的玉米地,机上 234 人全部生还。

上述事故都与飞机发动机有关,飞机发动机遭遇鸟撞事故促进了民用航空发动机有关适航规章的不断完善。同样,历史上也发生了不少飞机机体(除发动机)遭遇鸟撞的事故,促使了运输类飞机适航标准中关于鸟撞条款的产生和修订。

1962 年 8 月 15 日,印度航空一架 DC‐3 飞机在巡航飞行时遭遇一只质量可达 10 kg 的秃鹫的撞击,鸟体穿透了风挡并"攻击"到副驾驶,使其丧命。

1962 年 11 月 23 日,美国联合航空公司 297 号航班 Viscount("子爵号")745 型飞机从新泽西州纽瓦克市飞往佐治亚州亚特兰大市途经华盛顿州,在下降至指定 6 000 ft 高度时遭遇天鹅撞击,飞机坠毁,机上 13 名乘客和 4 名机组成员均受到致命创伤而死亡。该事故经调查后发现:在该地区飞行的其他飞行员也在报告中指出华盛顿中心雷达信号表明附近存在大群鸟类;失事飞机两侧水平安定面上均存在鸟类残留,表明表面上发生了两次单独的鸟类撞击,但两处由鸟类撞击产生的损伤差异较大。右侧水平安定面上的表面损伤位于机身外侧 22 in① 处,撞击点位于前缘最前点上方 2~3 in 的表面处。这一区域的翼型曲率使得鸟与机体擦掠而过,因此仅产生表面损伤。左侧水平安定面上的撞击损伤位于机身外侧 49 in 处,撞击点几乎集中在前缘最前点上。该撞击点处撞击力与安定面表面法向之间的角度较小,因而使得鸟体贯穿机翼前缘并进入机翼前缘组件,导致机翼腹板破裂,腹板与梁的上下缘条部分脱离,继而鸟体最终撞击到升降舵前缘的下部,致使前缘凹陷但未被击穿。失事飞机及其残骸如图 1.4 所示[5]。

———————————

① 　1 in = 2.54 cm。

图 1.4 "子爵号"745 型飞机及其事故残骸

图 1.5 北美地区的北美天鹅

事故发生后,在距离左侧水平安定面分离部分 10 ft 的地方发现一块被白色羽毛覆盖的鸟体残骸,该残骸长 10 in,宽 9 in。在机身以及尚与机身相连的水平安定面上均收集到了鸟体羽毛、组织和血液样本。经权威医学鉴定,这些组织与血液样本属于同一种鸟,即北美天鹅。据美国内政部鱼类和野生动物局统计,此种鸟的雄性平均质量为 14 lb①,雌性为 11.5 lb,但其最大质量通常能够达到 18 lb,该鸟如图 1.5 所示[5]。

"子爵号"飞机因鸟撞而失事的教训,促使了美国在运输类飞机适航标准中增加了尾翼结构的设计,必须保证飞机在与 8 lb 鸟相撞后仍能继续安全飞行和着陆的要求。

1992 年 10 月 13 日,一架安东诺夫 AN-124 飞机在乌克兰进行测试飞行过程中,在 5 800 m(19 000 ft)高度以 614 m/s 巡航时雷达罩脱开,导致前货舱门打开并与飞机脱离,碎片撞击到 3 号发动机,使发动机失去动力。飞机剧烈的振动使 3 号液压系统和飞行管理系统失效。此时机组无法获得飞机速度、高度和迎角的有效数据,加上襟翼操纵不当等因素导致飞机坠毁,机上 8 人遇难,仅一名工程师跳伞逃生侥幸存活但严重受伤。后经调查,事故原因为飞机雷达罩遭遇鸟撞,雷达罩和飞机前端框区域受到冲压空气而增压,致使货舱门打开酿成悲剧。

2004 年 11 月 28 日,一架 B737-400 飞机在起飞过程中遭遇鸟撞,飞机在巴塞罗那机场降落时飞行员无法在跑道上控制飞机。事后调查发现在前起落架上一只小鸟卡住了飞机转弯线缆。

2008 年 3 月 4 日,一架 Cessna 500 飞机(该机型按 FAR-25 部进行审定)的机

———————
① 1 lb=0.453 592 kg。

翼遭受一只或多只质量约 9 kg 的美国白鹅鹕的撞击,撞击能量远远超过适航规章中规定的鸟撞能量,导致飞机失控坠毁。

从以上事故中可见鸟撞对航空器运行存在安全威胁,必须引入或修订抗鸟撞安全要求以防止灾难性事故的发生。在收集到的我国民航鸟撞事件中,虽并未造成机毁人亡的事故,但也必须引起高度重视。

1.2　鸟撞事件对民航运输的影响

飞机与鸟相撞是世界性难题,鸟撞对民航飞机的飞行安全构成威胁。由于现代飞机的飞行速度快,所以鸟体与之相撞的能量大,当鸟撞冲击力超过飞机某一部件的承受能力时,就会损坏飞机的机体或零部件,严重的会直接威胁飞行安全。例如:鸟撞撞坏飞机挡风玻璃不仅直接影响飞行员操纵飞机,甚至会影响飞行员的生命安全;鸟撞撞坏发动机会造成发动机空中停车,甚至会引起发动机空中失火,直至引燃整个飞机。尽管根据统计数据发现,飞机在遭遇鸟撞后大部分情况下对飞行安全影响不大或者没有任何影响,从近十余年国内航空器遭遇鸟撞的较为稳定的统计结果来看,鸟撞造成航空器损伤的比例为 7%~17%,造成事故征候的比例不超过 10%,但造成事故征候的事件占造成损伤事件数的比例为 40%~70%。这说明鸟撞造成的航空器损伤虽仍以无损伤为主,但一旦造成航空器损伤,则很有可能会构成航空器事故征候(绝大多数情况下为一般事故征候)。鸟撞飞机造成的一般损伤包括结构部件变形、穿孔、裂纹和系统的失效、故障,通过航后检查、定检、视情维修、返回基地维修、部组件更换等工作恢复飞机的适航安全性;鸟撞飞机造成较为严重安全影响的事件主要包括中断起飞、返场返航、备降迫降和空中停车。因此,国际航空联合会把鸟撞危害定为航空业的"A"级灾害。

按航空器受鸟撞的损伤情况,将鸟撞的损伤程度划分为四个等级:严重损伤、中等损伤、轻度损伤和无损伤[6]。严重损伤指航空器严重损坏、更换发动机或更换 6 片以上发动机叶片;中等损伤指航空器出现破洞或发动机叶片损伤;轻度损伤指航空器出现凹坑。以 2017 年我国民航鸟撞航空器信息为例,鸟撞造成的航空器损伤仍以无损伤为主,如图 1.6 所示[6]。其中,无损伤鸟撞 8 760 起(占比94.07%),轻度损伤 332 起(占比 3.57%),中等损伤 220 起(占比 2.36%),全年未发生严重损伤鸟撞

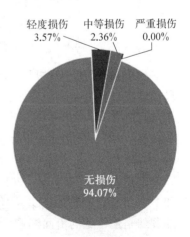

图 1.6　2017 年航空器遭受
鸟撞损伤程度占比

事件。中等以上损伤程度的鸟撞事件数占鸟撞总数的百分比为 2.36%,处于较低水平。这表明随着鸟撞信息上报工作的逐步推进和完善,特别是《鸟撞航空器事件的判定标准和报告程序》(AP-140-CA-2015-01)实施以来,相关责任单位报送的信息不再仅侧重于损伤和影响较为严重的情况,信息收集的全面性、规范性和上报的积极性都正在逐步提高,未来鸟撞防范工作应以高风险鸟撞(即大鸟和群鸟)防范为主。

对比 2016 年与 2017 年鸟撞航空器对飞行运行的影响,如图 1.7 所示[6]。2017 年明确提及造成负面影响的鸟撞事件 192 起(同比 2016 年的降幅约为23%),占鸟撞总数的约 2%。其中,导致航班延误约占 33%,航班取消约占 13%,换机约占 14%,预防性着陆(返航、备降等)约占 9%,鸟撞对飞行运行造成的"其他"影响约占 30%,包括造成其他航班中止进近、地面等待、空中盘旋等待、复飞等情况。显然,航班延误、航班取消、换机及其他类型的负面影响占比较大。

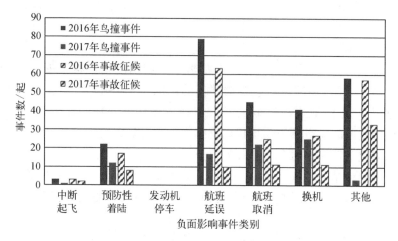

图 1.7　2016、2017 年鸟撞事件及事故征候造成的负面影响

根据美国联邦航空局(FAA)等单位收集的 1990~2019 年鸟撞飞机事件数据,鸟撞造成航空器损伤等级统计如图 1.8 所示,大多数鸟撞事件没有对飞机造成损伤,约 32% 的鸟撞事件未能明确是否对飞机造成损伤,只有约 7% 的鸟撞事件明确造成飞机损伤,其中造成轻度损伤、中等损伤、严重损伤以及不能确定损伤程度的占比分别约为 3%、2%、<1% 和 2%。

根据 FAA 等对 1990~2019 年野生动物撞击飞机的事件报告统计,5% 的鸟撞和 18% 的爬行动物撞击事件对飞行航班造成了负面影响,在野生动物撞机后,预防性着陆是最常见的负面影响响应(6 993 起),如表 1.1 所示[1],其中飞行员通过紧急放油操作(61 起)或者盘旋耗油操作(99 起)来减轻飞机的着陆重量,或者直接通过重着陆降落(107 起);中断起飞是第二常见的负面影响(2 630 起)。

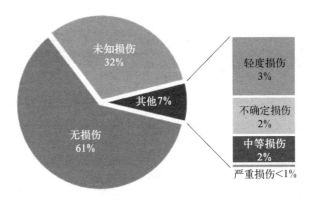

图 1.8　美国航空器遭受鸟撞损伤程度占比(1990~2019 年)

表 1.1　1990~2019 年美国野生动物撞击事件对民用航空器造成的影响统计表

对飞行的影响		报告的撞击事件数					
		鸟　类		陆生哺乳动物		合　计	
		30 年小计	占比/%	30 年小计	占比/%	30 年小计	占比/%
无影响		114 159	51	1 219	23	115 378	50
未知影响		99 791	44	3 208	61	102 999	45
负面影响	预防性着陆	6 870	3	123	2	6 993	3
	中断起飞	2 364	1	266	5	2 630	1
	发动机停车	432	<1	38	1	470	<1
	其他	2 439	1	411	8	2 850	1
合计		226 055	100	5 265	100	231 320	100

注:鸟类统计数据中包含了 3 302 起蝙蝠撞击事件;陆生哺乳动物统计数据中包含 491 起爬行动物撞击事件。

鸟撞给民航运输业带来的经济损失目前尚无精确计算方法,大部分可获得的估算依据来自机械维修、航线运营方面的不完全统计数据。根据相关费用标准估算,以 2015 年为例,我国鸟撞航空器造成的直接损失和间接损失约合 11 963.2 万元人民币,如表 1.2 所示[7]。除维修方面的直接损失外,航空器的不正常运行,如中断起飞、返航等还会干扰机场的正常运营,可能造成航班延误,增加机场和航空公司管理成本,而此类间接损失、附属损失通常远超过直接损失,但却难以精确估计。国内可以收集到的鸟撞航空器直接损失和间接损失估计费用如表 1.3 所示[6-15],可以看出早期的鸟撞航空器损失估计非常粗略且代价高昂。

表 1.2　2015 年鸟撞造成的损失估计

损失类别	损伤程度	次数	标准/(万元/次)	小计/万元	总计/万元
直接损失	严重损伤	4	800	3 200	11 963.2
	中等损伤	197	40	7 880	
	轻度损伤	67	0.8	53.6	
间接损失①	空中停车	0	800	0	
	返航或预防性着陆	20	40	800	
	取消航班	37	0.8	29.6	

① 间接损失不包括航班延误、换机及其他影响造成的经济费用。

表 1.3　2008~2017 年鸟撞损伤估计统计

年度/年	鸟撞损伤事件数	直接损失/万元	间接损失/万元	总计损失/万元	(平均损失/损伤事件)/万元
2008	130	4 500.8	96.0	4 596.8	35.4
2009	179	7 776.0	268.0	8 044.0	44.9
2010	197	14 301.6	128.0	14 429.6	73.2
2011	252	8 564.0	2 768.8	11 332.8	45.0
2012	301	18 069.6	660.8	18 730.4	62.2
2013	312	8 928.0	744.0	9 672.0	31.0
2014	277	10 827.2	535.2	11 362.4	41.0
2015	268	11 133.6	829.6	11 963.2	44.6
2016	408	10 141.6	916.0	11 057.6	27.1
2017	552	9 065.6	700.0	9 765.6	17.7
平均	288	10 330.8	764.6	11 095.4	—

　　根据 FAA 等对 1990~2019 年的 3 万余份报告指出野生动物撞击事件对飞机或航班造成了不利影响分析,其中 11 464 份报告给出了飞机停飞时间(总计 1 125 169 h,平均 98.1 h/起);对于鸟撞造成的经济损失,4 610 份报告明确给出了飞机维修的直接经济损失(748.5 百万美元,平均 162 364 美元/起),3 987 份报告明确给出了鸟撞的其他经济损失(98.7 百万美元,平均 24 768 美元/起),其他经济

损失包括机票收入、安排乘客入住酒店、重新调度飞机和航班取消带来的利润减少或额外支出[1]。1990~2019 年美国野生动物撞击事件造成的停飞时间和费用损失估算如表 1.4 所示。

表 1.4　1990~2019 年美国野生动物撞击事件造成的停飞时间和费用损失估算统计

年度/年	不利影响事件数	估 计 损 失				
		停飞时间/小时	修理费用/万美元	其他费用/万美元	总费用/万美元	(平均损失/影响事件)/万美元
1990	427	24 061	9 600	2 800	12 400	29.0
1991	484	38 601	3 700	2 000	5 700	11.8
1992	493	55 179	5 400	300	5 700	11.6
1993	509	141 456	4 700	500	5 200	10.2
1994	582	226 070	4 700	5 600	10 200	17.5
1995	656	63 149	34 500	15 100	49 600	75.6
1996	684	93 893	6 000	1 800	7 800	11.4
1997	783	180 606	6 200	3 300	9 500	12.1
1998	806	96 319	16 900	2 400	19 300	23.9
1999	981	145 946	11 300	2 100	13 400	13.7
2000	1 114	217 436	11 400	13 300	24 700	22.2
2001	977	139 314	29 000	4 000	32 900	33.7
2002	1 101	149 299	17 400	7 400	24 800	22.5
2003	997	111 490	16 800	4 400	21 200	21.3
2004	951	158 682	10 400	2 300	12 700	13.4
2005	979	86 161	27 300	7 900	35 100	35.9
2006	942	110 027	21 000	1 300	22 400	23.8
2007	978	161 606	17 600	3 400	21 000	21.5
2008	906	105 243	11 100	1 300	12 500	13.8
2009	1 186	95 857	46 300	1 800	48 100	40.6
2010	1 126	74 875	15 300	1 600	16 900	15.0

续 表

年度/年	不利影响事件数	估 计 损 失				
		停飞时间/小时	修理费用/万美元	其他费用/万美元	总费用/万美元	(平均损失/影响事件)/万美元
2011	1 146	81 107	28 000	1 800	29 900	26.1
2012	1 334	100 642	15 300	1 200	16 500	12.4
2013	1 447	109 550	9 900	1 900	11 700	8.1
2014	1 459	92 269	21 200	1 600	22 900	15.7
2015	1 455	69 877	22 800	3 000	25 800	17.7
2016	1 338	116 726	9 300	1 800	11 100	8.3
2017	1 446	72 800	26 400	1 900	28 300	19.6
2018	1 583	104 677	9 700	1 300	11 000	6.9
2019	1 628	116 984	17 100	3 500	20 500	12.6
平均	1 017	111 330	16 210	3 420	19 627	—

注：由于美国在统计因鸟撞事件造成的飞机停飞时间和相关费用估算时，以产生负面影响的事件为数据来源，与本表中的不利影响事件并不一致，故表中的停飞时间和费用损失估算值与正文中所述的鸟撞报告中明确给出的停飞时间和费用损失数据也并不一致。

尽管 FAA 详细统计分析了上述信息，但仍认为目前鸟类撞击航空器事件造成的实际经济损失仍然是被低估的。

EASA 在 2003 年时估计每年鸟撞给航空业造成的损失超过 10 亿欧元，包括飞机直接损坏费用(占成本的 12%)和鸟撞后的航班延误及其相关间接成本[16, 17]。鸟撞经济损失的很大一部分费用与非破坏性的鸟撞事件有关，如鸟撞导致绕飞、燃料倾倒、乘客延误和错过航班。因为成本估计是基于各航空公司当前数据推断的，所以可能并不精确，但它强调了鸟类危害对民用航空的经济影响。

参考文献：

[1] Dolbeer R A, Begier M J, Miller P R, et al. Wildlife Strikes to Civil Aircraft in the United States, 1990－2019[R]. Washington：DOT/FAA/TC－21/19, 2021.

[2] Federal Aviation Administration. Accident overview-lockheed Electra L－188 Eastern Airlines, Inc. Flight 375, N5533 [EB/OL]. https://lessonslearned. faa. gov/ll_main. cfm？TabID = 3&LLID = 36&LLTypeID = 2[2022－3－15].

[3] Federal Aviation Administration. Accident overview-McDonnell Douglas DC－10－30, Overseas National Airways Flight 032, N1032F [EB/OL]. https://lessonslearned. faa. gov/ll_main.

cfm? TabID = 3&LLID = 41&LLTypeID = 2［2022 - 3 - 15］.

［4］ National Transportation Safety Board. Loss of thrust in both engines after encountering a flock of birds and subsequent ditching on the Hudson River, US Airways Flight 1549, Airbus A320 - 214, N106US, Weehawken, New Jersey, January 15, 2009［R］. Washington：NTSB/AAR - 10/03, 2010.

［5］ Federal Aviation Administration. Accident overview-Vickers-Armstrongs Viscount 745 United Airlines Flight 297, N7430 ［EB/OL］. https：// lessonslearned. faa. gov/ll _ main. cfm? TabID = 3&LLID = 11&LLTypeID = 2［2022 - 3 - 15］.

［6］ 中国民用航空局机场司,中国民航科学技术研究院. 2017 年度中国民航鸟击航空器信息分析报告［R］.北京,2018.

［7］ 中国民用航空局机场司,中国民航科学技术研究院. 2015 年度中国民航鸟击航空器信息分析报告［R］.北京,2016.

［8］ 中国民用航空局机场司,中国民航科学技术研究院. 2016 年度中国民航鸟击航空器信息分析报告［R］.北京,2017.

［9］ 中国民用航空局机场司,中国民航科学技术研究院. 2014 年度中国民航鸟击航空器信息分析报告［R］.北京,2015.

［10］ 中国民用航空局机场司,中国民航科学技术研究院. 2013 年度中国民航鸟击航空器信息分析报告［R］.北京,2014.

［11］ 中国民用航空局机场司,中国民航科学技术研究院. 2012 年度中国民航鸟击航空器事件分析报告［R］.北京,2013.

［12］ 中国民用航空局机场司,中国民航科学技术研究院. 2011 年度中国民航鸟击航空器事件分析报告［R］.北京,2012.

［13］ 中国民用航空局机场司,中国民航科学技术研究院. 2010 年度中国民航鸟击航空器事件数据分析报告［R］.北京,2011.

［14］ 中国民用航空局机场司,中国民航局航空安全技术中心. 2009 年度中国民航鸟击航空器事件数据分析报告［R］.北京,2010.

［15］ 中国民用航空局机场司,中国民航局航空安全技术中心. 2008 年度中国民航鸟击航空器事件数据分析报告［R］.北京,2009.

［16］ Allan J R, Orosz A, Badham A, et al. The development of birdstrike risk assessment procedures, their use on airports, and the potential benefits to the aviation industry［C］. Warsaw：26th Meeting International Bird Strike Committee, 2003.

［17］ Maragakis I. Bird population trends and their impact on aviation safety 1999 - 2008［R］. European Aviation Safety Agency, 2009.

第 2 章
鸟撞适航条款及其演变历程

2.1 国内外鸟撞适航条款制定修订背景

2.1.1 FAA 鸟撞适航条款制定修订历程

作为世界上成立较早的适航机构,FAA 很早就注意到鸟类给飞机带来的风险并研究制定了一系列规章提高飞机对鸟撞的抵抗力。FAA 对于适航规章的制定有一套较为完善的程序,通过对 FAA 鸟撞适航条款制定背景的研究,有助于更好地理解鸟撞条款的内容及含义,也有助于我国在结合自身国情和鸟情环境下制定更适合我国现状的鸟撞适航要求。

2.1.1.1 CAR 4b 运输类飞机鸟撞适航要求

美国联邦政府在 1926 年 5 月 20 日通过商业航空法案为美国民用航空规章奠定了基石,当时航空业普遍意识到只有提高和制定安全标准,航空运输业才能更好地发展。基于这个原因,航空业要求联邦政府通过商业航空法案。法案要求商务部发展航空运输市场、审定飞机、建立航空公司和运行维护导航设备等。为此,商务部专门成立了一个航空机构(Aeronautics Branch)进行监管,此机构初期的职责主要是制定安全规章、审定飞机和审查机组资质。1934 年,商务部下属的航空机构改名为商业航空局(Bureau of Air Commerce)。该机构当时制定的对飞机的适航要求为 Aeronautics Bulletin Amendment 7A。经查询,在该适航要求中未发现鸟撞相关的适航要求。

1938 年,民用航空法案要求将民用航空的管理职责从商业部转移到一个新成立的独立机构:民用航空管理局(Civil Aeronautics Authority)。1940 年,时任总统富兰克林·罗斯福将民用航空管理局分拆为两个机构:民用航空管理局(Civil Aeronautics Administration)和民用航空委员会(CAB)。CAA 主要负责空管、飞行员资格审查和飞机审定等监管工作,CAB 主要负责制定安全规章、事故调查和航空公司运营管理。CAB 制定的航空安全规章继承了 Aeronautics Bulletin 的要求,并改名为民用航空规章(CAR),其中关于运输类飞机的规章为 CAR Part 4b Airplane Airworthiness:Transport categories。

1949 年 1 月,CAA 发布的一篇名为 Development of Aircraft Windshields to Resist Impact with Birds in Flight Part Ⅰ — Collision of Birds with Aircraft in Scheduled Commercial Operations in the Continental United States(Technical Development Report No. 62)的技术报告拉开了鸟撞纳入航空安全规章的序幕。

随着当时鸟撞事故的不断发生,飞机受损和飞行员受伤引起了当时 CAA 的关注。于是 CAA 将重点放在了能抵御鸟撞防止飞行员受伤的风挡上面,启动了上述项目的研究。该报告首先收集和总结了 1942~1946 年发生的 473 起鸟撞飞机的事件,并对鸟撞飞机的部位、鸟的种类、撞击时飞机速度等各种因素进行了分析。

以当时的 DC - 3 飞机为例,低速阶段 50~100 mph① 对应的是飞机的起飞和着陆速度范围;中速阶段 100~150 mph 是飞机起飞后爬升和降落前进近时的速度范围;高速阶段 150~200 mph 为飞机巡航和下降阶段的速度范围。在高速阶段大部分撞击的是野鸭(duck),也有一些海鸥(gull),没有发现秃鹫(buzzard);低速阶段大部分撞击的是海鸥;中速阶段撞击时海鸥数量略微大于野鸭的数量。

经统计发现,平均质量在 1~5.5 lb 的野鸭是飞机遭遇鸟撞时最容易碰到的鸟类,在所有飞机飞行高度下都可能遇到,而且如果撞击风挡将造成严重损伤。平均质量在 2.5~4 lb 的海鸥是飞机较容易遭遇的鸟类,撞击风挡也将造成严重损伤。也有平均质量在 4.5 lb 的秃鹫和质量在 6~28 lb 的鹅(goose)、天鹅(swan)或鹰(eagle)撞击飞机风挡的报道。虽然没有关于鸟撞导致飞机坠毁或人员死亡的事件,但一些无法确定原因的飞机坠毁事故被怀疑与鸟撞有关。

1950 年 2 月,CAA 发布的一篇名为 Development of Aircraft Windshields to Resist Impact with Birds in Flight Part Ⅱ — Investigation of Windshield Materials and Methods of Windshield Mounting(Technical Development Report No. 74)的技术报告推动了鸟撞纳入航空安全规章的进程。

1950 年 7 月 20 日公布的完整的 CAR 4b SubPart D 中可以发现关于鸟撞的要求,如下:

" § 4b. 352 Pilot Windshield and Windows

(a) All internal glass panes shall be of nonsplintering safety type.

(b) The windshield, its mounting structure, and other structure in front of the pilots

---

① 　1 mph = 1. 609 344 km/h。

shall have sufficient strength to withstand without penetration the impact of a four-pound bird when the velocity of the airplane relative to the bird along the airplane's flight path is equal to the value of V_C at sea level selected in accordance with 4b. 210(b)(4)."

翻译：

"§4b. 352 驾驶员风挡和窗户

(a) 所有内层玻璃应当用非碎裂性安全类型。

(b) 位于驾驶员前方的风挡玻璃及其支承结构和其他结构，应当具有足够的强度，能承受4磅的飞鸟撞击而不被击穿，此时飞机的速度（沿飞机航迹相对于飞鸟）等于按4b. 210(b)(4)条选定的海平面V_C值。"

注意：4b. 210(b)(4)是关于飞机设计巡航速度V_C，该条款后来转变为当前的FAR 25. 335(a)设计巡航速度V_C。

1952年3月5日生效的CAR Amendment 4b-6进一步将4b. 352条款标题由驾驶员风挡和窗户(pilot windshield and windows)更改为风挡和窗户(windshield and windows)，并增加4b. 352(c)条款关于增压飞机风挡和窗户考虑高空飞行特殊因素的要求。另外，在4b. 612条增加(a)(6)条款，内容如下：

"§4b. 612 *Flight and navigational instruments*

(a) *air-speed indicating system*

(b) *where duplicate air-speed indicators are required, their respective pitot tubes shall be spaced apart to avoid amage to both tubes in the event of a collision with a bird."*

翻译：

"§4b. 612 飞行和导航仪表

(a) 空速指示系统

(b) 当要求有两套空速表时，则其各自的空速管应当相隔开，以免鸟撞时两个空速管都损坏。"

1957年8月12日生效的CAR-4b修正案，对4b. 352(b)进行了修订，增加了一句要求："*Means shall be provided to minimize the danger to the pilots from flying windshield fragments due to bird impact unless it can be shown by analysis or test that the probability of occurrence of a critical fragmentation condition is of low order.*"（翻译："除非能用分析或试验表明发生风挡破碎临界情况的概率很低，否则飞机必须有措施将鸟撞引起的风挡玻璃分散碎片伤害驾驶员的危险减至最小。"）

2.1.1.2 FAR-25 运输类飞机鸟撞适航要求

随着更多的喷气客机投入运营，空中安全事故也随之增多，促使政府在1958年颁布了联邦航空法案。方案要求将CAA的职能转移到新设的独立机构FAA(Federal Aviation Agency)，另外制定安全规章的职责也从CAB转移到FAA。此时的航空规章也逐渐由 CAR 更改为联邦航空规章(FAR),如针对运输类飞机的适航标准由 CAR 4b 更改为 FAR - 25。

　　1964 年 12 月 24 日,FAA 发布 FAR - 25 部第 25 - 0 修正案,将用新的 FAR - 25 部代替 CAR 4b 规章,其中将 CAR 4b.352 条款调整为 FAR 25.775 条款,CAR 4b.612(a)(6)条款调整为 FAR 25.1323(f)条款,并对里面部分词语进行修改,更改后的条款如下:

" *§ 25.775 Windshield and windows*

(*a*) *Nonsplintering safety glass must be used in internal glass panes.*

(*b*) *Windshield panes directly in front of the pilots in the normal conduct of their duties, and the supporting structures for these panes, must withstand, without penetration, the impact of a four pound bird when the velocity of the airplane (relative to the bird along the airplane's flight path) is equal to the value of V_C, at sea level, selected under § 25.335(a).*

(*c*) *Unless it can be shown by analysis or tests that the probability of occurrence of a critical windshield fragmentation condition is of a low order, the airplane must have a means to minimize the danger to the pilots from flying windshield fragments due to bird impact. This must be shown for each transparent pane in the cockpit that* ——

(*1*) *Appears in the front view of the airplane;*

(*2*) *Is inclined 15 degrees or more to the longitudinal axis of the airplane; and*

(*3*) *Has any part of the pane located where its fragmentation will constitute a hazard to the pilots.* "

翻译:

" *§ 25.775 风挡和窗户*

(*a*) 内层玻璃必须用非碎裂性安全玻璃。

(*b*) 位于正常执行职责的驾驶员正前方的风挡玻璃及其支承结构,必须能经受住1.8 公斤(4 磅)的飞鸟撞击而不被击穿,此时飞机的速度(沿飞机航迹相对于飞鸟)等于按第25.335(a)条选定的海平面V_C值。

(*c*) 除非能用分析或试验表明发生风挡破碎临界情况的概率很低,否则飞机必须有措施将鸟撞引起的风挡玻璃飞散碎片伤害驾驶员的危险减至最小,必须表明驾驶舱内的下列每块透明玻璃都能满足上述要求:

(*1*) 位于飞机正面的;

(*2*) 对飞机纵轴倾斜15 度或更大的;

(*3*) 其某一部分的位置会导致碎片伤害驾驶员的。"

" *§ 25.1323 Airspeed indicating system*

For each airspeed indicating system, the following apply:

(j) Where duplicate airspeed indicators are required, their respective pitot tubes must be far enough apart to avoid damage to both tubes in a collision with a bird."

翻译:

"§25.1323 空速指示系统

下列要求适用于每个空速指示系统:

(j) 如果要求有两套空速表,则其各自的空速管之间必须相隔足够的距离,以免鸟撞时两个空速管都损坏。"

1966 年成立的美国运输部(DOT)将 FAA(Federal Aviation Agency)纳入管辖,同时将原 FAA 改名为 FAA(Federal Aviation Administration),这就是现在的 FAA。运输类飞机的适航标准随即也改为 FAR - 25 Airworthiness Standards: Transport Category Airplanes.

另外,行业内一般使用 FAR 作为 Federal Aviation Regulation 的缩写,但这个缩写容易和另外一部美国联邦法规 Federal Acquisitions Regulation 引起混淆。为避免此种情况,FAA 开始使用 14 CFR Part XX 来代表某部法规。为保持使用习惯,本书中仍然适用 FAR - 25 代替正规的 14 CFR Part 25,表示运输类飞机的适航标准。

2.1.1.3　FAR 25.631 尾翼鸟撞要求

尽管当时的航空安全规章中纳入了风挡鸟撞的要求和两套空速管间隔足够距离避免单次鸟撞导致两套都损伤的要求,这主要是风挡可以保护驾驶员免受鸟撞造成的伤害及空速管对于空速指示重要性等目的,但规章中并未考虑飞机结构对鸟撞的要求,虽然多次出现飞机机头、机翼前缘和发动机遭受鸟撞及飞机严重损坏的事件,所幸未造成飞机坠毁。实际上用于进行抗鸟撞研究的大部分参考数据都来自道格拉斯公司 20 世纪 30 年代设计的 DC - 3 型飞机,这种适航标准并不完善并且是在过时的数据基础上制定的。也正因为如此,一直有一种观念认为根据飞机的服役情况,飞机结构具有足够的潜能,其强度性能不会因受到鸟撞而减弱。直到 1962 年 11 月 23 日,美国联合航空公司 297 号航班 Viscount("子爵号")745 型飞机因为鸟撞而坠毁,这种观念逐渐发生改变。

"子爵号"飞机在设计和审定过程中并未考虑到鸟撞情况,其尾翼结构强度无法承受与天鹅发生的撞击;在"子爵号"飞机的设计中,其尾翼并没有通过机翼进行遮挡,而是安装在高于螺旋桨盘顶部的位置,这与道格拉斯 DC - 3 型(代表了早期研究中涉及的大部分飞机)飞机水平安定面受螺旋桨盘和机翼保护设计是完全不同的,并且其飞行速度也显著高于当时的大部分飞机。这就导致其发生鸟撞的风险增大,撞击后受到的损伤也更严重。事故发生时飞鸟击穿了该飞机的左侧平尾,翼梁肋破裂,整个平尾随之发生失效。"子爵号"飞机和"DC - 3"飞机尾翼不同保护设计如图 2.1 所示[1]。

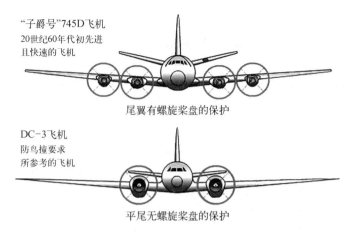

"子爵号"745D飞机
20世纪60年代初先进
且快速的飞机

尾翼有螺旋桨盘的保护

DC-3飞机
防鸟撞要求
所参考的飞机

平尾无螺旋桨盘的保护

图 2.1 水平尾翼有无螺旋桨盘保护的飞机结构设计

从图 2.1 可以看出,早期运输机的水平安定面受螺旋桨盘和机翼的保护,因此能够免于遭受撞击。很多螺旋桨飞机的水平尾翼都位于螺旋桨盘的上部;而喷气式飞机则没有螺旋桨盘,高平尾和 T 型尾翼设计使得平尾无法获得机身、机翼和发动机的保护,因此其位置就更加容易受到伤害。

通过"子爵号"飞机失事案例的分析,可以得到以下经验教训。

(1) 对于鸟类危害,与大型鸟类发生撞击将会导致飞机结构和系统遭受严重的甚至是灾难性的损伤。在对飞机进行适航审定时,当时相关规范明确要求的唯一鸟类威胁是撞击导致挡风玻璃被击穿,虽然飞机其他位置发生的撞击并未导致灾难性的后果,但此次事故体现了尾翼结构的脆弱性及相应规章的不健全。

(2) 对于结构失效,基于新型设计理念和配置的飞机结构应当与运行环境下的威胁相一致。"子爵号"时代的飞机设计大部分都利用机翼和螺旋桨对尾翼进行保护,使其免于遭受大型鸟类的撞击。"子爵号"飞机使用的新设计结构却并非如此,其带来的尾翼薄弱性在此次事故中暴露了出来。此次事故也说明:飞机结构设计实践在不断演变,以前完善的标准可能会随着这种演变暴露出自身的不足,随着对飞机面临环境威胁的理解不断加深,相关的规章要求也应当随之调整。

(3) 对于新的安全设计构想,安全标准必须要与飞机所处的实际威胁性环境相符,如应当考虑遭遇威胁时的实际情况等。只有在对相关威胁环境进行合理定义的情况下构想才成立。"子爵号"飞机所采用的标准也一直应用于同时代的其他飞机设计,并且在"子爵号"飞机所处的环境中被证明是十分成功的,但由于这些标准并没有对鸟撞所产生的结构损伤危害进行系统研究和强制规定,因此人们就认为没有必要落实抗鸟撞标准。当时人们认为挡风玻璃是飞机的唯一薄弱环节,或者至少是飞机结构安全的重要部分。此次事故暴露了尾翼结构的脆弱性,并且证明除了挡风玻璃以外,其他结构也有可能因鸟撞而受到灾难性的损坏。

这起事件之后,FAA 对当时已有的鸟撞数据进行了统计分析。根据统计结果,FAA 认为可能撞击飞机的鸟的重量上限为 8 lb,超过 8 lb 重的鸟撞击飞机的情况是稀少的。因此,FAA 认为运输类飞机应该在承受 8 lb 鸟的撞击后,具备继续安全飞行和着陆的能力。为此在 1968 年 8 月 22 日公布了立法提案通告 NPRM-Notice of Proposed Rule-Making(Notice No. 68 – 18),建议新增加 25. 631 条款,要求飞机的尾翼结构必须能承受 8 lb 鸟的撞击而可以继续安全飞行和着陆,并于 1970 年 4 月 8 日发布了 FAR – 25 部第 25 – 23 修正案,新增加了 25. 631 条款:

" § 25. 631 Bird strike damage

The empennage structure must be designed to assure capability of continued safe flight and landing of the airplane after impact with an 8 pound bird when the velocity of the airplane (relative to the bird along the airplane's flight path) is equal to V_C at sea level, selected under § 25. 335 (a). Compliance with this section by provision of redundant structure and protected location of control system elements or protective devices such as splitter plates or energy absorbing material is acceptable. Where compliance is shown by analysis, tests, or both, use of data on airplanes having similar structural design is acceptable."

翻译:

" § 25. 631 鸟撞损伤

尾翼结构的设计必须保证飞机在与 8 磅重的鸟相撞之后,仍能继续安全飞行和着陆,相撞时飞机的速度(沿飞机飞行航迹相对于鸟)等于按第 25. 335(a)条选定的海平面 V_C。通过采用静不定结构和把操纵系统元件置于受保护的部位,或采用保护装置(如隔板或吸能材料)来满足本条要求是可以接受的。在用分析、试验或两者的结合来表明符合本条要求的情况下,使用结构设计类似的飞机的资料是可以接受的。"

另外,飞机早期的风挡/窗户透明件均采用无机玻璃,随着技术的发展出现了非无机玻璃的透明件,例如聚碳酸酯材料、聚甲基丙烯酸甲酯(俗称有机玻璃)等材料。因此,在讨论 25 – 23 修正案时 FAA 也修订了 25. 775(a)条款,允许采用任何非破裂性材料制造风挡和窗户,而不再限定于"非破裂性安全玻璃"。修订后的 25. 775(a)款如下:

" § 25. 775 Windshields and windows

(a) Internal panes must be made of nonsplintering material. "

翻译:

"*§ 25. 775 风挡与窗户*

(a) 内层透明件必须用非碎裂性材料制成。"

CCAR 25.775 条款的制定参考了 FAR 25.775 条款,FAR 25.775(a)的原文表述为"Internal panes must be made of nonsplintering material",并未限定风挡和窗户的内层必须为玻璃。FAR - 25 - 23 号修正案对 FAR 25.775(a)的修订,允许采用任何非碎裂性材料制造风挡和窗户,而不再限定于"非碎裂性安全玻璃"。CCAR 25.775(a)中"必须用非碎裂性材料制成"的表述,也反映了与 FAR - 25 - 23 号修正案相同的含义。基于以上考虑,CCAR 25.775(a)中所述的"内层玻璃"可能是语言习惯造成的文字表述不恰当,并非要求风挡和窗户的内层透明件必须用玻璃制造,CCAR 25.775(a)的表述改为"内层透明件必须用非碎裂性材料制成"更为恰当。

2.1.1.4　FAR 25.571 离散源损伤鸟撞要求

1977 年 8 月 15 日,FAA 公布了立法提案通告(NPRM, Notice No. 77 - 15),建议修订 25.571 条,纳入损伤容限结构设计思想来提高目前结构的可靠性水平,并进一步降低灾难性破坏的可能性。此外,FAA 在服役经验的基础上增加离散源损伤评定的要求,要求飞机在遭受离散源损伤后,能够继续安全飞行和着陆。FAA 将鸟撞作为一种离散源损伤。有研究者认为该条要求与现行的 25.631 和 25.775 不一致,建议它们保持一致。FAA 同意但并未实际更改。最终 FAA 在 1978 年 10 月 5 日颁布了 FAR - 25 第 25 - 45 号修正案,增加了 25.571(e)包括鸟撞在内的离散源损伤要求。1990 年 7 月 20 日,FAA 颁布了 25 - 72 修正案,对 25.571(e)进行修订,用"海平面 V_C"代替原来的"直到 8 000 ft 下的可能运行速度",这也是为了消除了 25.631 条和 25.775 条关于速度方面的差异,另外 91 部运行规章有飞机在 10 000 ft 下的最高运行速度不能超过 250 kn 的要求,该条款本意是飞机最大速度达到 V_C 而不是 250 kn,因此这样修改可以避免误解,但随后,有制造商绕过该条款的本意,企图规定一个不切实际的较低的海平面 V_C。因此,FAA 于 1993 年 7 月 19 日颁布 FAR - 25 部第 25 - 96 修正案,将鸟撞速度由"海平面 V_C"更改为"海平面 V_C 或 8 000 ft 时的 0.85V_C,取大者",从而避免上述误解。因此,从真空速(TAS)考虑,8 000 ft 时的 0.85V_C 接近于海平面的 V_C。

当前的 25.571 条对鸟撞的要求规定如下:

"*§ 25. 571 Damage — tolerance and fatigue evaluation of structure.*

(e) Damage-tolerance (discrete source) evaluation. The airplane must be capable of successfully completing a flight during which likely structural damage occurs as a result of —

(1) Impact with a 4-pound bird when the velocity of the airplane relative to the bird

along the airplane's flight path is equal to V_C at sea level or 0. 85V_C at 8,000 feet, whichever is more critical;

The damaged structure must be able to withstand the static loads (considered as ultimate loads) which are reasonably expected to occur on the flight. Dynamic effects on these static loads need not be considered. Corrective action to be taken by the pilot following the incident, such as limiting maneuvers, avoiding turbulence, and reducing speed, must be considered. If significant changes in structural stiffness or geometry, or both, follow from a structural failure or partial failure, the effect on damage tolerance must be further investigated. "

翻译:

"§25.571 结构的损伤容限和疲劳评定

(e) 损伤容限(离散源)评定 在下列任一原因很可能造成结构损伤的情况下,飞机必须能够成功地完成该次飞行。

(1) 受到1.80公斤(4磅)重的鸟的撞击,飞机与鸟沿着飞机飞行航迹的相对速度取海平面V_C或2 450米(8 000英尺)0.85V_C,两者中的较严重者;

损伤后的结构必须能够承受飞行中可合理预期出现的静载荷(作为极限载荷考虑)。不需要考虑对这些静载荷的动态影响。必须考虑驾驶员在出现事故后采取的纠正动作,诸如限制机动,避开紊流以及降低速度。如果在结构破坏或部分破坏以后引起结构刚度或几何形状,或此两者有重大变化,则须进一步研究它们对损伤容限的影响。"

通过对 FAA 修正案有关文件修订过程研究,可以总结 FAR-25 部中鸟撞相关条款的修订历程如图 2.2 所示[2, 3]。

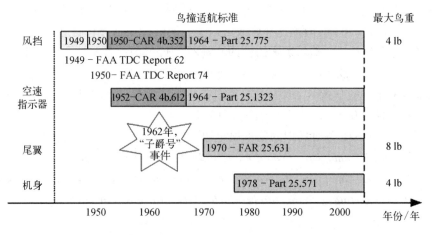

图 2.2 运输类飞机 14 CFR 25 鸟撞适航标准发展历史

2.1.1.5　FAA 关于鸟撞要求最新进展

过去几十年,随着环境变化和人为原因,北美地区野生鸟类种群数量急剧增加,某些对航空业造成较大威胁的野生鸟类(如加拿大鹅),已经适应了城市环境,使野生鸟类袭击航空器的风险更大了。运输类飞机的设计、制造和审定标准自制定以来,都没有改变以应对新的鸟撞威胁;同时,当前规章中 25.571、25.631 和 25.775 条款关于鸟撞的要求并未统一。因此,1993 年 FAA 发布了一个立法提案通告(NRPM),希望针对飞机所有结构(除发动机外)制定一个统一的新标准。该工作最终委派给航空立法咨询委员会(ARAC)下属成立的工作组开展,但 2003 年工作组提交报告中并未就鸟撞要求达成一致。除了 FAA 希望将鸟撞标准质量全部提高到 8 lb,其他各方组织希望全部统一为 4 lb。

2008 年,一架 Cessna 500 飞机在飞行中遭遇鸟撞而坠毁,NTSB 事故调查报告给 FAA 提出安全建议:修订 25 部飞机鸟撞审定要求,以便对全部机体结构提供统一的飞鸟撞击保护。因此,FAA 搜集了多起鸟撞飞机的严重事故,并于 2015 年 7 月 20 日发布题为 *Bird Strike Requirements for Transport Category Airplane* 的通告(Notice No. FAA - 2015 - 2490)[4],就以下方面征求公众意见:

(1) 是否要求鸟重在全机上保持一致?

(2) 是否将 4 lb 鸟重增加到某个数值?

(3) 是否将“不能穿透要求”从风挡扩展到全部机身?

(4) 是否将鸟撞发生的飞行高度从当前的 8 000 ft 提高到 10 000 ft?

(5) 是否将 25.571 条规定的 8 000 ft 高度时的 $0.85V_C$ 删除掉?

(6) 鸟撞速度准则应该基于 V_{MO} 而不是 V_C?

分析 FAA 征求反馈的意见,发现绝大多数反馈意见表示反对增加鸟重,认为保持当前的 4 lb 鸟重是合适的,在其他方面各方也都有各自的见解。在 FAR - 25 部内完全统一鸟撞相关要求,或许困难重重。

2.1.2　EASA 鸟撞适航条款制定修订历程

欧盟航空安全局(EASA)的前身是欧洲联合航空局(JAA),在 20 世纪 70 年代联合航空要求(JAR)首次颁布以前,欧洲部分国家已经制定了多个不同的航空器审定标准,如英国民用航空局发布的 BCAR,德国航空局也有自己的滑翔机规章。1992 年 1 月 1 日,JAR 成为欧共体规章的一部分,它主要借鉴了英国 BCAR 的适航标准。多年来 JAA 和 FAA 开展了协调化过程,取得了一定成效,但是仍存在一定差异。随着欧盟一体化步伐的迈进,以及欧洲民用航空竞争的需要,2002 年欧盟成立了具有法律权限的 EASA。EASA 全面接替原 JAA 的职能,依据原 JAR - 25 等规章制定了 CS - 25 等适航规章。

在 20 世纪 60 年代末~70 年代初,欧洲正式将 JAR - 25 发展为一套适航规章,并将 25 部选为基础规章。

FAR-25 第 25.631 条在 1970 年的 25-23 修正案颁布后,1975 年 7 月 25 日生效的 JAR-25 Change 1(第一次修订)并没有采纳 FAR-25 第 25.631 条的文本;相反,JAR-25 Change 1 中第 25.631 条规定"飞机的设计必须保证,在与 4 lb 鸟重的鸟相撞之后,仍能继续安全飞行和着陆,相撞时飞机的速度(沿飞机飞行航迹相对于鸟)等于按海平面 V_C 或 8 000 ft 0.85V_C,两者中的较严重者"。

这些 JAR-25 Change1 中 25.631 条的要求部分基于英国民航局 BCAR 的 D 部分,可以看出其有别于 FAR-25 第 25.631 条:

(1) 不只是适用于尾翼,而是适用于整架飞机;

(2) 未采用 8 lb 重的鸟,而是使用了 4 lb 中的鸟;

(3) 增加了 8 000 ft 时 0.85V_C 速度选定,直接避免了制造商选择较低的海平面 V_C,然后在海平面以上大幅增加 V_C 从而规避本条款本意的企图。(注: FAA 在 1993 年 7 月 19 日颁布 FAR-25 部第 25-96 修正案时才增加该速度选定)。

JAR-25 Change 1 中也明确了保护关键系统防止鸟撞的要求,但该要求在 1979 年生效的 JAR-25 Change 5(第 5 次修订)时从规章中移除,而将其放入 25.631 条对应的咨询通告中(ACJ 25.631)。

同时,在发布 JAR-25 Change 1 时,也同时纳入了当时 FAR-25 第 25.775(b)关于 4 lb 鸟撞的要求,但从文字上直接指引到 JAR 25.631 条款要求。另外,在 1981 年 11 月 30 日生效的 JAR-25 Change 8 中也纳入了 FAR-25 第 25.775(c)条的要求。

FAA 在 FAR-25 部第 25-45 修正案中增加了 25.571(e)损伤容限(离散源)评定的要求,其中 25.571(e)(1)是关于 4 lb 鸟撞的要求。1980 年 11 月 24 日生效的 JAR-25 Change 7 参考 FAR 25.571(e)(1)要求,增加了 JAR 25.571(e)(1)鸟撞要求,但未直接提及 4 lb 鸟撞要求,而是将其直接指引到 JAR 25.631 条款。

直到 JAR-25 转变为 CS-25,且 CS-25 经过 20 多次的修订,关于鸟撞的上述要求并未发生实质性改变。当前 CS-25 部关于鸟撞的要求如下:

" *§ CS 25.571 Damage tolerance and fatigue evaluation of structure*

(e) Discrete source damage tolerance evaluation. The aeroplane must be capable of successfully completing a flight during which likely structural damage occurs as a result of bird impact as specified in CS 25.631.

The damaged structure must be able to withstand the static loads (considered as ultimate loads) which are reasonably expected to occur at the time of the occurrence and during the completion of the flight. Dynamic effects on these static loads do not need to be considered. Corrective action to be taken by the pilot following the incident, such as limiting manoeuvres, avoiding turbulence, and reducing speed, may be considered. If significant changes in structural stiffness or geometry, or both, follow from a structural failure or partial failure, the effect on damage tolerance must be further investigated."

翻译：

"§ *25.571 结构的损伤容限和疲劳评定*

(*e*) 损伤容限(离散源)评定　在 CS *25.631* 条规定的鸟撞很可能造成结构损伤的情况下,飞机必须能够成功地完成该次飞行。

损伤后的结构必须能够承受飞行中可合理预期出现的静载荷(作为极限载荷考虑)。不需要考虑对这些静载荷的动态影响。必须考虑驾驶员在出现事故后采取的纠正动作,诸如限制机动,避开紊流以及降低速度。如果在结构破坏或部分破坏以后引起结构刚度或几何形状,或此两者有重大变化,则须进一步研究它们对损伤容限的影响。"

" § *CS 25.631 Bird strike damage*

The aeroplane must be designed to assure capability of continued safe flight and landing of the aeroplane after impact with a 4 lb bird when the velocity of the aeroplane (relative to the bird along the aeroplane's flight path) is equal to V_C at sealevel or 0.85 V_C at 2 438 m (8 000 ft), whichever is the more critical. Compliance may be shown by analysis only when based on tests carried out on sufficiently representative structures of similar design."

翻译：

"§ *25.631 鸟撞损伤*

飞机的设计必须保证在与 4 磅重的鸟相撞之后,仍能继续安全飞行和着陆,相撞时飞机的速度(沿飞机飞行航迹相对于鸟)等于海平面 V_C 或 2 450 米(8 000 英尺)0.85V_C,两者中的较严重者。仅当基于相似设计的具有足够代表性的结构上开展的试验时,可以通过分析表明符合性。"

" § *CS 25.775 Windshields and windows*

(*a*) *Internal panes must be made of non-splintering material.*

(*b*) *Windshield panes directly in front of the pilots in the normal conduct of their duties, and the supporting structures for these panes, must withstand, without penetration, the bird impact conditions specified in CS 25.631.*

(*c*) *Unless it can be shown by analysis or tests that the probability of occurrence of a critical windshield fragmentation condition is of a low order, the aeroplane must have a means to minimise the danger to the pilots from flying windshield fragments due to bird impact. This must be shown for each transparent pane in the cockpit that —*

(*1*) *Appears in the front view of the aeroplane;*

(*2*) *Is inclined 15° or more to the longitudinal axis of the aeroplane; and*

（3）*Has any part of the pane located where its fragmentation will constitute a hazard to the pilots.*"

翻译：

"§25.775 风挡和窗户

（a）内层透明件必须用非碎裂性安全玻璃。

（b）位于正常执行职责的驾驶员正前方的风挡玻璃及其支承结构，必须能经受住 25.631 条规定的鸟撞而不被击穿。

（c）除非能用分析或试验表明发生风挡破碎临界情况的概率很低，否则飞机必须有措施将鸟撞引起的风挡玻璃飞散碎片伤害驾驶员的危险减至最小，必须表明驾驶舱内的下列每块透明玻璃都能满足上述要求：

（1）位于飞机正面的；

（2）对飞机纵轴倾斜 15 度或更大的；

（3）其某一部分的位置会导致碎片伤害驾驶员。"

从 CS-25 的前身 JAR-25 部首次纳入鸟撞相关条款 JAR 25.631 始，FAR-25 和 CS-25 关于鸟撞要求的规章差异就一直存在。目前虽然两个局方在规章上进行了很多的协调，逐渐消除了规章差异，但关于 CS-25 规定的 4 lb 鸟重和 FAR-25 规定的 8 lb 鸟重，作为重大规章差异，则一直存在。

2.1.3 CAAC 鸟撞适航条款制定修订历程

我国民用航空工业起步较晚，为减少和避免国外在规章编制和修订上走过的弯路和航空事故教训，快速与国际接轨，20 世纪 80 年代，我国正式开始航空规章的编制工作，主要是参考和借鉴 FAA 的航空规章体系。1985 年 12 月 31 日，中国民用航空局发布制定实施的中国民用航空条例第 25 部运输类飞机适航标准（CCAR-25），以 FAR-25 部 第 25-1 修正案到 25-57 修正案为蓝本制定而成。该适航标准已用于国产 Y7 飞机的型号合格审定和多种进口飞机的型号认可审查，对提高民用飞机的安全水平、促进民航事业的发展起着重要作用。

CCAR-25 中，已经参考当时 FAR-25 部第 25.571、25.631、25.775 和 25.1323 条款纳入了鸟撞的相关要求。

1995 年 12 月 18 日公布生效的 CCAR-25-R2 以 FAR-25 部 25-67 到 25-82 修正案为蓝本，对 25.571(e)(1) 中鸟撞速度进行了修订和明确。

2001 年 5 月 14 日公布生效的 CCAR-25-R3 以 FAR-25 部 25-83 到 25-100 修正案为蓝本，对 25.571(e)(1) 中鸟撞速度进行了修订，并明确为海平面 V_c 或 8 000 ft 的 $0.85V_c$。

截至目前，最新的 2011 年 11 月 7 日公布生效的 CCAR-25-R4 和 FAR-25 部在鸟撞要求上无差异。

2.2　条款修订机制

2.2.1　FAA 规章修订机制

FAA 在规章修订时,要求在安全性评估的基础上必须进行多项经济性方面的评估。

第一,美国总统的行政命令(EO)12866"regulatory planning and review"(1993年 9 月 30 日发布)和 13563"improving regulation and regulatory review"(2011 年 1月 18 日发布)指示每部规章制定或修订时,应当确保由此带来的收益应该高于为此付出的成本(cost and benefit analysis)。

第二,1980 年规章弹性法案 Regulatory Flexibility ACT(Pub. L. 96 - 354)在5 U. S. C603 文件中具体实施,要求规章制定或修订时必须分析对中小型实体企业带来的经济性影响。

第三,贸易协定方案[Trade Agreements ACT(Pub. L. 96 - 39),后经过 Uruguay Round Agreements Act(Pub. L. 103 - 465)修订]禁止设定一些标准从而对美国国外商业造成不必要的障碍。在制定标准时,Trade ACT 要求能同时使标准能成为国际化标准,而不只是美国国内的标准。

第四,1995 年无资金授权改革法案 Unfunded Mandates Reform ACT of 1995(Pub. L. 104 - 4)在 2 U. S. C. 1532 文件中实施,要求准备书面的评估,评估包括成本和收益分析,以及其他影响。

第五,美国运输部(DOT)Order DOT 2100. 5 对规划的简单性分析和规章评估作出了政策和程序上的规定。

FAA 于 2008 年 10 月 28 日发布的题为 *Security related consideration in the design and operation of transport category airplanes* 的 25 - 127 修正案中对于安保要求是否纳入规章进行了有关经济性评估,分析认为恐怖分子炸机或者劫机导致的致命性飞机事故将导致超过 10 亿美元的损失;另外,事故涉及的直接成本之外,带来心理上的影响和成本将更是无法估量(如 9 · 11 事件带来的影响)。因此,估算不实施该规章的总直接成本是 14 亿美元,该成本中包括审定、制造以及燃油消耗增加的费用。估算实施该修正案的收益是 27 亿美元。故最终认为收益大于成本,可以实施该修正案。在开展相关分析时,所使用的信息来源和假设如下[5]。

(1)分析周期:2008~2061 年——虽然分析周期是由估计的认证数量及相应的生产周期决定的,但如果在 20 年的时间内进行分析,最终规则仍然是成本效益。

（2）贴现率：7%。

（3）恐怖分子法案：美国运输安全管理局。

（4）民用航空犯罪：FAA 发布的 2000 年犯罪法案报告。

（5）恐怖行为：2004 年 7 月 22 日发布的 9·11 委员会报告。

（6）恐怖分子法案的代价：J. R. Hameson 编写的《2001 年 9 月 11 日，当时和现在》。

（7）恐怖分子法案的代价：B. S. Wesbury 于 2002 年 9 月编写的《恐怖主义的经济代价》。

（8）W. J. Tsai 和 Y. W. Chien 于 2003 年 10 月在第 5 卷《东亚运输研究学会学报》上发表的《飞行事故对台湾航空公司客运量的影响》。

（9）NASA 2004 年出版的成本估算手册。

上述经济性评估是近 30 年内 FAA 发布修正案时必须考虑和评估的，这些分析从降低飞机事故发生概率（如避免多少次飞行事故）等方面来计算收益，从增加重量和燃油消耗等设计、审定和运行成本来计算成本。在确定乘客丧命损失方面，曾经是按照 50 万美元/人计，而现在生命的价值可能更高。

然而，在鸟撞有关修正案（如 25.631 条款）纳入尾翼抗 8 lb 鸟撞要求中，并未找到 FAA 进行类似评估的有关信息。在 FAA 和 EASA（之前为 JAA）协调 25.631 条款要求时，FAA 在 2003 年提交的报告中提到，飞机尾翼鸟撞要求从 8 lb 降低到 4 lb 所能节约的制造和运行成本很小，但更具体的信息未知。

2.2.2　EASA 规章修订机制

EASA 在发布建议修正案通告（NPA）并征求公众意见时，也会进行规章影响评估（RIA），并提出几种选项进行分析。典型的选项如下：

Option 1 — do nothing，指不实施该修订；

Option 2 — voluntary implementation，指自愿实施该修订；

Option 3 — implementation，指完全实施该修订；

在讨论上述选项时，EASA 会针对几种选项进行成本和收益的分析、环境影响分析、社会影响分析等，并在 NPA 中确定最终的选择方案。

2.2.3　CAAC 规章修订机制

中国民用航空局（CAAC）《适航规章和环境保护要求制定和修订程序》（AP-11-AA-2010-01）就规章制定和修订的程序给予了明确。规章制定和修订的一般要求如下。

制定和修订规章，应当遵循下列原则：

（1）国家法制统一原则；

（2）依照法定职权和程序制定原则；

（3）职权和责任相一致原则；

（4）维护公民法人和其他组织合法权益原则；

（5）保障行政机关依法行使职权原则。

起草规章，应当符合下列基本要求。

（1）切实保障公民、法人和其他组织的合法权益，在规定其义务的同时，还应当规定其享有的权利以及保障权利实现的途径。

（2）符合社会主义市场经济发展的客观要求和政府职能转变的要求，不得设定有行业保护、阻碍市场流通和其他妨害公平竞争等内容的条款。

（3）在赋予有关行政机关必要职权的同时，还应当规定其行使职权的条件、程序和应当承担的责任；所规定的管理措施、办事程序，应当有利于提高工作效率。

（4）应当从本行业实际出发，内容具体、明确、详尽，具有可操作性。

规章制定不得与相关法律、法规相抵触；没有相关法律、法规规定的，可以根据适航司的职责范围，对涉及的内容进行规定。规章制定应当结构严谨，内容完备，形式规范，条理清晰，用词准确，文字简洁。制定规章的条件如下。

（1）民航规章规定的事项应当属于执行法律或者国务院的行政法规、决定、命令的事项；需要规定行政许可、资质、资格、行政性收费、行政处罚措施的，应当制定规章。

（2）民航规章所规范的内容，相关法律、法规已有规定的，只能对其相关条款进行细化，或根据相关条款对具体操作办法和实施细则进行规定，不得与相关法律、法规相抵触；没有相关法律、法规规定的，可以根据民航局的职责范围，对涉及的内容进行规定。

规章有下列情况之一的，应予修订。

（1）基于政策或实际的需要，有必要增减内容的，例如：

a. 事故调查部门给出建议；

b. 民航局相关安全部门进行安全分析的结果；

c. 对新技术适用性的研究结果；

d. 航空公司运行的改变；

e. 与其他国家航空规章进行协调一致；

f. 基于公众提出规章修订的建议。

（2）因有关法律、行政法规的修正或者废止而应作相应修改的。

（3）规定的主管机关或者执行机关发生变更的。

（4）同一事项在两个以上规章中有规定并且规定不相一致的。

（5）其他需要修改的情形。

适航司通过以下方式征集并汇总立法建议。

（1）任何单位和个人均可向适航司提出规章制定、修订和废止的建议。

（2）规章研究责任部门应对其负责的规章进行跟踪研究，并在每年10月前向适航司提出针对规章的下一年度立法建议。规章研究责任部门在提交立法建议前，应完成下列工作：

a. 主动与相关部门（如事故调查部门、民航局安全部门、航空公司、民机设计、制造单位等）了解所研究规章的相关信息；

b. 跟踪研究世界先进民用航空适航当局（如 FAA、EASA）相关规章的修订动态，并对 FAA、EASA 正式发布的规章修订应在 1 个月内向适航司提交研究简报，同时启动对修订背景、技术要求、符合性方法、对中国民用规章及民机产品影响的分析研究向适航司提出立法建议；

c. 对适航司收集的规章制定和修订的意见与建议完成评估处理。

从 AP－11－AA－2010－01 可以看出，适航规章修订的主责部门——中国民用航空局航空器适航审定司，在规章的制定和修订方面主要是跟踪和参考 FAA、EASA 的规章修订情况，还包括基于事故调查、运行安全分析、技术研究、社会建议而进行必要的规章修订。现有程序未规定在规章修订时进行成本和收益的经济性分析。

因此，为了持续保持鸟撞安全目标（一般可接受的灾难性事故发生概率不大于 10^{-9}／飞行小时），并考虑飞机在设计制造、审定和服役中的总体成本，可开展以下工作为我国运输类飞机适航规章鸟撞相关条款修订提供技术支撑。

（1）跟踪 FAA 和 EASA 关于鸟撞相关条款修订的协调进展。

（2）完善我国关于运输类飞机鸟撞的信息报告、收集机制，补充鸟撞发生高度、速度、鸟种和推算撞击能量和对应鸟体质量的信息，持续统计鸟撞事件的分布和发生概率。通过安全性分析模型，确定与安全目标对应的基于我国实际运行环境的鸟撞鸟重、速度和部位的信息，包括满足安全目标的最低鸟撞要求。

（3）持续开展必要的鸟撞安全性试验研究。

（4）联合设计制造、审定和运营部门，研究经济性分析模型评估从现有适航条款要求趋向我国运行环境下最低鸟撞要求的成本和收益，确定最优化成本对应的鸟撞要求。

（5）按照《适航规章和环境保护要求制定和修订程序》要求，开展规章修订的具体流程。

我国运输类飞机适航规章 CCAR－25－R4 及其历次版本主要参考 FAR－25 部相应的修正案而修订。随着我国适航管理能力的提升，基于我国民用航空运行环境条件的规章修订将成为适航规章自主制定修订的发展方向。

2.3　国内外鸟撞适航条款对比分析

由于 CCAR - 25 和 FAR - 25 在鸟撞要求上无实质性差异(仅测量单位换算上),所以本节重点比较 CCAR/FAR - 25 与 CS - 25 部关于鸟撞的规章差异。

2.3.1　§25.571 条款差异

对于 25.571 条款内容,CAAC/FAA 与 EASA 存在区别如下:

(1) CCAR/FAR 25.571 对离散源损伤的要求中,鸟撞要求与 CS 25.571 要求相同,但不包含突然泄压情况;

(2) CS 25.571 对离散源损伤的评定要求中,仅包含鸟撞和突然泄压。

2.3.2　§25.631 条款差异

CCAR/FAR 25.631 与 CS 25.631 存在显著差异,如表 2.1 所列。

表 2.1　CCAR/FAR 25.631 与 CS 25.631 内容差异对比

项　目	CCAR/FAR 25.631	CS 25.631
适应范围	飞机尾翼结构	全机
鸟重量	8 lb	4 lb
鸟撞速度	§25.335(a) 条选定的海平面 V_C	海平面的 V_C 或 2 438 m (8 000 ft) 的 0.85V_C,选两者中更大速度
可接受的结构特征	采用静不定结构和把操纵系统元件置于受保护的部位,或采用保护装置	没有举例说明
可接受的符合性方法	在用分析、试验或两者的结合来表明符合本条要求的情况下,使用结构设计类似的飞机,资料是可以接受的	如果采用分析作为表明符合性的方法,这样的分析要建立在相似设计、有足够代表性的结构试验基础上
本质上差异	在全机结构损伤容限的要求基础上,对飞机尾翼结构的抗鸟撞能力提出更高要求	全机结构损伤容限的基本要求

通过表 2.1 内容可以认识到 CAAC/FAA 与 EASA 在适应范围和鸟撞重量等关键要求上都存在着不同,综合 §25.571 条款离散源损伤容限和 §25.631 条款鸟撞损伤来看,CAAC/FAA 在全机结构损伤容限的要求基础上,对飞机尾翼结构的抗鸟撞能力提出更高的要求。FAA 曾成立一般结构协调工作组(GSHWG)试图协调

FAR 25.631 和 JAR 25.631 的内容,但是由于"鸟的质量"和"削减速度"的要求存在分歧,所以最终无法达成一致。

2.3.3 §25.775 条款差异

在§25.775 风挡和窗户上,CAAC/FAA 与 EASA 的鸟撞适航要求是相同的。

2.3.4 §25.1323 条款差异

在§25.1323 空速指示系统上,CAAC/FAA 与 EASA 鸟撞适航要求是相同的。

2.4 鸟撞适航条款协调历程

2.4.1 关于鸟体质量

在 1970 年之前,美国唯一关于运输类飞机鸟类撞击的适航规章是民用航空规章 CAR 4b,该规章要求在巡航速度下,飞机遭遇 4 lb 重的鸟类撞击不会使挡风玻璃穿透。在 1962 年发生"子爵号"飞机遭遇鸟撞导致机毁人亡事故后,FAA 对当前鸟撞航空器统计数据进行审查,并得出结论:运输类飞机应该能够在与重达 8 lb 的鸟类撞击后继续安全飞行和着陆。这是 FAA 在 1966 年适航审查会议正式提出的建议,并于 1968 年 8 月 22 日发布立法提案通告(NPRM, No. 68‒18),建议新增加 25.631 条款,要求飞机的尾翼结构在设计巡航速度下必须能承受 8 lb 鸟的撞击而可以继续安全飞行和着陆。

对于上述 FAA 的提案,业内反响不一。欧洲适航管理局评论称,只对尾翼进行要求是不合理的,因为质量在 13 000~40 000 lb 的小型飞机机翼更容易遭受鸟撞,同时认为条款中提出的 8 lb 鸟的要求并不能完全防止"子爵号"鸟撞事故的发生,而且鸟的质量大小应该是基于概率统计才是合理的。美国航空航天工业协会的观点是:规定 4 lb 鸟重就够了,因为事实证明这个值可以很好地应用于风挡玻璃。也有观点为:既然 8 lb 的鸟重要求并不能完全防止事故的发生,则更大的鸟重也应该纳入考虑(如 12 lb,甚至 20 lb),且应该均适用于机翼、尾翼和风挡玻璃。

FAA 针对上述反应做出了回应,指出根据飞机实际运营经验,本修正案中不应该包括风挡的鸟撞标准,25.775 条款中对于风挡抗鸟撞的要求是合理的,现有机翼结构设计也完全可以满足鸟类撞击的要求。没有证据可以表明除尾翼以外的结构在抵抗大型鸟类撞击方面存在不足,而且体重超过 8 lb 的鸟类撞击非常罕见,无须考虑。

　　JAA 认为,在 JAR－25 中采用 FAR 25.631 条款中 8 lb 鸟(尾翼)要求,从技术角度无法得到证实,且 JAA 的这一立场反映了 GSHWG 多数成员的立场。JAA 有意决定在以下几个点上与 FAR－25 保持差异:

　　(1) 不再只关注尾翼,而是关注整架飞机;

　　(2) 不选择 8 lb 鸟重这一标准,而是选择 4 lb 鸟重的标准。

　　从 1987 年开始,出于对新技术的关注,FAA 开始重新评估现行的鸟撞法规。新技术增加了关键系统和复合材料的使用,这些材料被认为对鸟类的撞击更加敏感,但这些概念在最初的尾翼抗鸟撞要求颁布时并没有考虑到。因此,起草的《规则制定通告》草案提出了以下新要求:

　　(1) 飞机以设计巡航速度飞行时,任何位置与 8 lb 重的鸟相撞后,继续安全飞行和降落,这将包括鸟撞对结构和系统的影响;

　　(2) 飞机以设计巡航速度飞行时,与 4 lb 重的鸟相撞后,机体不发生穿透。

　　FAA 发布的《规则制定通告》草案收到了来自行业的大量负面评论和反对意见,但 FAA 决定通过 ARAC 完成规则制定过程。为此,由 FAA 和 JAA 等组织于 1992 联合成立一般结构协调工作组(GSHWG),协调鸟撞相关适航条款。联合工作组认为,自 1970 年以来飞机的运行经验主要是在不满足 8 lb 的鸟撞要求的飞机上获得的,因为这个规定是在 1970 年第一次生效的;在此之前的规定只要求风挡玻璃抵抗 4 lb 鸟的冲击,而对飞机的其他部位未作要求。工作组对现有机队的运行经验已进行了合理验证,证明了 V_C 速度下 4 lb 鸟重标准的充分性,4 lb 鸟重标准适用于包括尾翼在内的所有机体结构。截至 20 世纪末,鸟撞方面的运行经历包括 31 次驾驶舱穿透、19 人受伤、1 人死亡,该经历表明航空器遭遇鸟撞的安全水平是可以接受的;自 1959 年以来的 32 年时间内,商用飞机运输机队累计飞行时间约为 4 亿小时,飞行次数约为 2.6 亿次,只发生一场灾难,使安全记录接近 10^{-9} 次/飞行小时灾难性事件的标准。这一似乎合理的安全记录支持将目前的 V_C 速度下被 8 lb 重的鸟撞击这一标准降低至 V_C 速度下被 4 lb 重的鸟撞击的 JAR 标准。

　　FAA 于 2000 年 4 月~2002 年 12 月资助了一项研究,试图确定基于风险评估方法的鸟撞能量标准。研究结果主要包括:在北美地区,加拿大鹅因其体型大、数量多和倾向于聚集而且有时飞得更高的习性,对在北美飞行的飞机来说是一种特有的危险,其雄性加拿大鹅平均质量为 14 lb,雌性加拿大鹅平均质量为 11.5 lb,最大质量可达 18 lb;美国地质调查局的数据表明,自 1967 年以来美国加拿大鹅的数量急剧增加(近 20 倍),而且仍呈上升趋势。这表明,如今加拿大鹅撞击飞机的可能性比过去更高了;加拿大鹅和其他水禽的行为是群居,因此一次撞击事件很可能涉及不止一只鸟;北美地区其他大质量的鸟类物种的数量随着时间的推移也在增加,而且在很多情况下仍旧呈上升趋势(如秃鹰、金鹰、雪雁等)。

同样,根据欧洲和北美地区的各自鸟情统计分析:鸟撞能量等级超过 JAR – 25 所规定的 4 lb 鸟/海平面巡航速度的能量等级的概率大约为 10^{-7}/飞行架次(对于整个机体),能量等级超过 8 lb 鸟/海平面巡航速度的能量等级的概率大约为 10^{-8}/飞行架次。欧洲的鸟撞数据库显示,所有的鸟撞事件中有 1.2% 的鸟重超过 4 lb,而美国的数据库显示所有的鸟撞事件中有 7.2% 的鸟重超过 4 lb;而对于重量超过 8 lb 的鸟撞事件,两者的统计数据比例则分别为 0.3% 和 3.6%。关于平均每次飞行发生鸟撞概率问题,欧洲的数据库显示每次飞行鸟撞的发生概率为 10^{-3},而美国的数据库显示每次飞行鸟撞的发生概率为 $5×10^{-4}$。由于很多鸟撞事件中的鸟重难以确定,所以鸟撞数据存在一定的分散性和不确定性。

上述研究和统计分析虽然未得出明确的结论,但 FAA 仍对现行的 FAR – 25 部关于鸟撞的规定是否足够表示关注,认为在缺乏明确的风险评估表明在海平面高度、速度为 V_C 的情况下发生 8 lb 鸟类撞击尾翼是一个不切实际的能量标准的情况下,FAA 认为没有理由降低现行 §25.631 标准。

联合工作组在回顾梳理了 FAR – 25 部和 JAR – 25 部关于鸟撞的现行要求、1987 年提议的对 FAA 的重新评估等关键问题和提案之后,决定目前的 JAR – 25 案文[包括 §25.631、§25.571(e) 和 §25.775(b)]将能够确保可接受的安全水平,尽管也有个别工作组成员对这个结论明确表示不同意,认为鸟的重量规定应该是 8 lb,而不是 4 lb。因此,JAR 和 FAR 对运输类飞机抗鸟撞规定将继续保持不协调的情况。

加拿大运输部赞成在尾翼以及包括风挡玻璃在内的飞机其余部分采用 4 lb 鸟重要求,但根据近期发生的鸟撞事件和某些鸟种数量的统计数据,加拿大交通部和适航管理部门正在研究将鸟的重量集中在 4~8 lb 的协调可能性。

从美国和欧洲的飞机制造商的角度来说,对 FAA 和 JAA 关于 §25.571/§25.775/§25.631 中规定的鸟重要求表示支持,虽然从 FAA 的初步报告中并没有明确的关于 8 lb 鸟类质量要求的具体支持数据,但愿意本着协调一致的精神来分别满足 FAA 和 JAA 的现行要求。

2.4.2 关于飞机速度和海拔

在 20 世纪 70 年代早期,JAA 在编写 JAR – 25 部章时,增加了海拔 8 000 ft 高度以上 $0.85V_C$ 速度的条件,以防止制造商在 8 000 ft 以下降低了 V_C,而在到达这个高度后突然增加 V_C 的情况,这将导致条款要求失效。8 000 ft 高度的条件并不意味着在这个高度以上不会发生鸟撞事件,而制造商作为申请人除了 JAR 25.335(b) 要求对 V_B(最大突风强度的设计速度)和 V_C(设计巡航速度)之间的差额做了一定的要求之外,可以"自由"选择 V_C,即使在 8 000 ft 以下降低了 V_C 制造商也一直保持了这一差距,在 8 000 ft 以下降低 V_C 会带来严重的安全问题。虽然在过去,JAA

和 FAA 根据具体情况接受了这种 V_C 降低,但如果普遍适用的话,则可能会将安全性降低到 JAA 可接受的水平以下。因此,JAA 在 20 世纪 70 年代要求对飞机在 8 000 ft 高度下的 V_C 进行额外"抽查",以禁止"制造商在海平面选择低 V_C,而可能在 8 000 ft 以上快速增加 V_C"这一违背了初衷的做法。

JAA 补充说明,为了将海平面条件与 8 000 ft 海拔条件的速度进行比较,8 000 ft 高度下的 V_C 应为真空速(TAS),系数 0.85 可以被理解为 8 000 ft 高度和海平面条件下的空气密度之比的平方根。因此,8 000 ft 高度处的 V_C(TAS)有效地转化为当量空速(EAS)。从上述比较中得到的最危险速度(当量空速)再用于鸟撞证实分析和/或测试。

FAA 赞同消除在海拔 8 000 ft 以下有速度降低的可能性,认为有必要改变规则来实现这一目标。1990 年 7 月 20 日,FAA 的第 25 - 72 号修正案进一步修订了 §25.571(e)条的鸟击相关要求,将速度要求由"可能的运营航速"改为"设计巡航速度"。这在一定程度上是为了要求与现有的 JAR 相协调,并防止对"可能的运营航速"做出含糊的解释。FAA 已提出了一条建议来纠正该修正案中的一个非故意错误,它将指定海平面速度 V_C 或在 8 000 ft 速度 $0.85V_\mathrm{C}$,以更危险的一个飞行速度为准。这也是现行的 JAA 要求。

从制造商立场分析,为了满足目前的鸟撞标准,设计了相对较低的最大允许空速 V_MO 和设计巡航速度 V_C,达到 8 000 ft 以上时开始增加。这种低海拔高度的速度"削减"有三个益处:① 通过减少发生在 8 000 ft 以下的鸟撞事件所产生的能量来提高安全性;② 它们适用于所有空域,而不仅仅是美国或其他国家运营法规覆盖的空域;③ 它们降低了飞机与鸟相撞的速度,而飞机必须按照这种速度进行设计。制造商认为建立基于 V_MO 而不是 V_C 的鸟撞速度标准可能是有必要的,因为虽然大多数结构规则是基于 V_C 设计的,但让这些非常依赖速度的标准基于 V_MO 设定可能会使速度削减更容易实现。

根据 FAA 于 2000 年 4 月~2002 年 12 月资助的"野生动物撞击飞机的风险评估"项目初步研究结果表明,超过 99.5% 的鸟撞事件发生在海拔低于 8 000 ft 高度,最大飞行速度是 250 kn,通常是 120~150 kn。虽然以海拔 8 000 ft 的鸟撞速度的参考高度被认为是任意选择的,但该项目的研究结果中关于鸟撞事件的数据倾向于支持将这一高度作为绝大多数鸟撞事件的上限高度;93.8% 的鸟撞事件发生在地平线以上低于 1 000 ft 的高度范围内。制造商仍本着协调一致的精神来满足 FAA 和 JAA 的现行要求,尽管原则上仍然反对出于飞机抗鸟撞考虑而禁止"削减"速度。

2.4.3　关于系统和有关结构

1977 年 8 月 15 日,FAA 发布了 77 - 15 号公告(41 FR 41236,1977 年 8 月

15 日),建议在§25.571"飞行结构疲劳评估"中增加新的损伤容限要求,包括鸟类撞击造成的离散损伤要求。上述拟提鸟撞要求与§25.631 和 25.775 条款(挡风玻璃要求)中鸟撞要求不一致,欧洲的飞机制造商认为,第 25.631 条和第 25.775 条款完全足以确保飞机的安全性,没有理由提出额外的鸟撞相关要求。1978 年 12 月 1 日,第 25.571 条款按照先前提议进行了修订(第 25-45 号修正案;45 FR 46242,1978 年 10 月 5 日),修正案引入了 FAR 25.571(e)中损害容限(离散源)评估,其中(e)(1)提到了鸟撞问题。不过 FAA 在前言中提到了使相关要求保持一致的益处,目前还不清楚联邦航空局最初提出了不一致质量要求的原因。

FAR-25 的第 45 号修正案在 JAR-25 的变更 7(1980 年 11 月 24 日生效)中被采用为 JAR 25.571(e)(1),但没有采用 FAR-25 案文,而是引用了 JAR 25.631 案文,并在 ACJ 25.571 案文中增加了一项要求,即禽鸟撞击后的剩余结构能够承受特定载荷,并且不受颤振的影响。

鉴于 FAA 于 2000 年 4 月~2002 年 12 月资助的"野生动物撞击飞机的风险评估"项目初步研究结果,FAR 25.571 对机体其余结构的要求,即在 V_C 速度下(或者在 8 000 ft 海拔高度 $0.85V_C$ 速度下,以更危险的为准)与 4 lb 重的鸟类发生撞击后继续安全飞行及着陆的要求,作为一种结构标准可能是不够的,尽管由于现代飞机结构有典型的结构冗余,大多数机体结构强度可能是可接受的;然而,保护飞行员或乘客免受直接撞击的结构是一个值得关注的领域,FAA 认为有必要加强保护。这也是 FAA 提出整机抗 8 lb 鸟撞建议的重要考虑因素之一。

由于 FAR 25.631 不适用于机翼,FAA 要求,为配备小翼的飞机设立一个可接受的安全标准,即在飞机与大型鸟类相撞时,一个小翼可以发生丢失。对此,欧美主要制造商已经对此表示同意。在适用其他规则时也有必要作特别解释,如§25.365,它适用于由降压事件引起的结构设计荷载。联邦航空局将该部分解释为,需要评估在海拔 8 000 ft 高空大型鸟类撞击导致挡风玻璃板完整脱落所造成的降压影响(超过 8 000 ft 的情况被认为是不太可能发生的)。

JAA 在 20 世纪 60 年代末~70 年代初,选择 FAR-25 作为基本准则,讨论审查 FAR 25.775(b)条款时,决定将 JAR-25 变更 1 中§25.77(b)(修正案 1)的文本作为 JAR 25.775(b),但将该分段最后一部分改为 JAR 25.631。修正案 1 中第 25.775(c)条款在后续变更 8 中作为 JAR 25.775(c)获得采纳(1981 年 11 月 30 日生效)。

根据"野生动物撞击飞机的风险评估"项目初步研究结果,FAA 认为"FAR 25.775 规定的在海平面高度以 V_C 与 4 lb 重的鸟发生撞击时不出现挡风玻璃穿透"是不够的。目前已经发生且还会有驾驶舱被穿透致使飞行员受伤的情况发生。FAA 认为,不能穿透的区域应该扩大到挡风玻璃之外,即鸟的质量规定也应该提高,以减少挡风玻璃损伤和驾驶舱被穿透的发生次数(尽管尚无数据显示应该增加多少质量)。FAA 特别担心的是,在遭遇群鸟(如加拿大鹅)时,飞机驾驶舱可能会与其他重要的结构、系统或引擎损伤同时发生损坏性穿透。这也是 FAA 提出整机抗 8 lb 鸟撞建议的重要考虑因素之一。

在由 JAA、FAA 以及欧美飞机制造商的代表组成的一般结构协调工作组协调美国联邦航空法规(FAR-25)和欧洲联合适航要求(JAR-25)的过程中也收到一项"增加一条§25.631(b)"的提案建议,以更清楚地区分§25.631 对机体的要求和§25.775 对挡风玻璃的要求。这一建议得到一般结构协调工作组的支持,同时对§25.631(a)的最后一句话的措辞也重新组织以对规定进行澄清。但到目前为止,该提议尚未被正式纳入最新的 FAR/JAR-25 版本中。

目前飞机的损伤容限设计要求在遭遇 4 lb 鸟类撞击后保持显著的设计负载能力,这意味着它们可以承受更重的鸟类撞击。鸟类撞击对系统的影响目前在 FAR/JAR 25.1309 中提及,但鸟类的质量未指明。飞行控制系统的抗鸟撞要求在 FAR 25.631 中也得到了解决,其中规定了 8 lb 鸟重标准;JAR 25.631(变更 1)中也提到了在鸟撞中保护重要系统的问题,但在后续的变更 5 中(1979 年 1 月 1 日生效)将其从基本要求中删除,并单独写入 ACJ 25.631,也解决了飞行控制系统的鸟撞保护问题。

2.4.4　关于安全性目标

传统上,对于结构承载情况的定义均采用确定性方法,而不是概率方法(阵风极限载荷除外)。飞机是一个大型的复杂系统,应对复杂系统的安全性评估,建立合理的安全性目标至关重要。鸟撞属于一种特殊风险,所威胁到的不仅是某个部件或某个系统,而是整个飞机。与现有的相对不全面的鸟撞数据以及基于概率统计分析的鸟撞能量超越评估的所有不确定性相比,系统的可靠性和故障率是可以非常准确地计算出来的。FAR/JAR 25.1309 中对飞机系统与有关部件的设计安全须符合"发生任何妨碍飞机继续安全飞行与着陆的失效状态的概率为极不可能"规定,支撑该规定的是 *Guidelines and Methods for Conducting the Safety assessment process on Civil Airborne Systems and Equipment*(SAE ARP 4761)标准[6],该标准中定义了"发生极不可能事件"的概率为 10^{-9},同时该标准中采用了 FAA 和 JAA 定义的不同失效状态下的安全性指标,详细描述如表 2.2 所示。尽管该标准适用于系统安全评估,但 FAA 的航空立法咨询委员会运输类飞机一般结构协调工作组在 Birdstrike FAR/JAR §25.571(e)(1)、§25.631、§25.775(b)、(c)的报告中对近 32 年的运行记录数据分析后认为产生灾难性后果的事件概率接近于 10^{-9}/飞行小时[7],并应用该指标作为飞机产生灾难性事件的概率目标,且认为该指标更合适于 8 lb 鸟/海平面巡航速度条件下产生灾难性事件的概率指标。

表 2.2　不同失效状态下的严重性分类的安全性目标

概率(定量)/飞行小时		1	1×10^{-3}	1×10^{-5}	1×10^{-7}	1×10^{-9}
概率(描述)	FAA	可能		不可能		极不可能
	JAA	经常	相当可能	很少	极少	极不可能
失效状态的严重性分类	FAA	较小的		较大的	非常严重的	灾难性的
	JAA	较小的		较大的	危险的	灾难性的
失效状态的影响	FAA	(1) 轻微降低安全裕度; (2) 轻微增加飞行机组工作负荷; (3) 乘客感到某些不便		(1) 显著降低安全裕度或功能能力; (2) 显著增加飞行机组工作负荷或影响机组效率; (3) 乘客有些不适	(1) 大大降低安全裕度或功能能力; (2) 更大的工作负荷或身体痛苦,使飞行机组不能准确或完整地执行任务; (3) 对乘客产生不利影响	妨碍继续安全飞行或着陆的所有失效状态
	JAA					

　　由于适航条款给出的要求是最低标准,即飞机在设计制造时所需满足的最低要求,因此,对于鸟撞飞机后失效状态的严重性类别,也只考虑最严重的情况"灾难性的"。飞机在设计之初,至少要保证发生灾难性事件的概率在要求的范围内,即发生灾难性事件的概率至少要低于 1×10^{-9},这也是目前鸟撞适航条款安全性评估中较为有共识的典型结构和系统安全性目标。

　　对于整架飞机而言,在 FAA 的航空立法咨询委员会运输类飞机一般结构协调工作组的报告中指出:根据对 20 世纪 90 年代以前的鸟撞航空器统计分析结果,超过 4 lb 鸟/海平面巡航速度撞击能量的概率大约为 10^{-7}/飞行架次,超过 8 lb 鸟/海平面巡航速度能量的概率大约为 10^{-8}/飞行架次。这也可以成为整架飞机遭遇不同鸟撞能量等级的安全性目标。

　　尽管 FAA 和 EASA 都制定了商用飞机的设计/认证标准,但目前的研究结果表明:自从这些标准初次制定以来,随着全球生态环境的变化,大中型鸟类(群)数量显著增加,飞机遭遇鸟撞的危险正逐步加大;尽管相关的设计/认证和运行监管标准在发展历程中有所修正,但这种修订过程本质上是被动的,以灾难教训和重大风险为代价换取适航规章条款的改进,没有以运行环境的变化来反映新的鸟撞航空器威胁;同时,由于运行环境的差异是否需要统一的适航标准,也值得进一步讨论和长期关注。

参考文献:

[1]　Federal Aviation Administration. Accident overview-Vickers-Armstrongs Viscount 745 United

Airlines Flight 297, N7430 [EB/OL]. https:// lessonslearned. faa. gov/ll _ main. cfm? TabID=3&LLID=11&LLTypeID=2[2022-3-15].

[2]　Kangas P, Pigman G L. Development of aircraft windshields to resist impact with birds in flight part I -cillision of birds with aircraft in scheedled commercial operations in the continental united states[R]. TDC Report No. 62, 1949.

[3]　Kangas P, Pigman G L. Development of aircraft windshields to resist impact with birds in flight part Ⅱ -invvestigation of windshield materials and methods of whindshield mounting[R]. TDC Report No. 74, 1950.

[4]　Federal Aviation Administration. Bird strike requirements for transport category airplanes[S]. Washington: Docket No. FAA-2015-2490, 2015.

[5]　Federal Aviation Administration. Security related considerations in the design and operation of transport category airplanes[S]. Washington: Docket No. FAA-2006-26722; Amendment Nos. 25-127, 2008.

[6]　SAE. Guidelines and methods for conducting the safety assessment process on civil airborne systems and equipment[S]. SAE ARP 4761, 1996.

[7]　General Structures Harmonization Working Group of Transport Airplane, Engine Issue Area, Aviation Rulemaking Advisory Committee of FAA. Birdstrike FAR/JAR § 25. 571(e)(1), 25. 631, 25. 775(b)(c)[R], 2004.

第 3 章
基于我国鸟情的鸟撞适航条款安全性

　　我国目前在鸟撞方面的研究主要集中在防止鸟撞事件发生的领域,即通过驱鸟技术的研究降低鸟撞风险。随着我国民用飞机的研制开展和投入运营,如何制定适宜的鸟撞适航条款来降低鸟撞带来的安全风险是目前关注的重点,其基础之一就是对我国的鸟撞案例进行统计分析。尽管目前我国运输类飞机鸟撞案例信息有限,但对于研究鸟撞对飞机的安全性影响具有重要的参考价值。

　　民用飞机鸟撞适航条款的安全性评估,其目标是从安全性角度,对我国目前的鸟撞适航条款要求进行充分性和适宜性评估研究。飞机飞行中所处的鸟情环境对于飞机的安全性运行水平有很大的影响,而按照当前的鸟撞适航条款进行设计制造的飞机是否能达到所需的安全性水平? 如果已经达到所需的安全性水平,那么在我国特定的鸟情环境下目前的适航条款规定是否又会过于保守? 本书收集了2006~2017 年我国民航 30 000 余条鸟撞航空器信息,其中部分信息缺少发生鸟撞时的鸟重或者飞行速度等数据,但较多情况下可知鸟撞发生的飞行阶段。由于不同机型的飞机飞行速度存在较大的差别,且同一机型在执行不同的航线任务时,航空公司给定的成本指数(CI)值不同,各飞行阶段的飞行速度也不尽相同。因此,在确定飞行速度时,通过查询飞行手册、调研航空公司以及咨询飞行员等方式,取鸟撞数据中各机型在典型航段航路上不同飞行阶段的平均值作为该飞行阶段的代表速度值。在此基础上,对鸟体的撞击能量进行统计分布分析来研究现有鸟撞适航条款在我国鸟情环境下安全性指标的充分性和适宜性。

3.1　鸟撞冲击能量的统计分析

3.1.1　鸟撞冲击能量值的确定

　　当鸟体以一定速度冲击飞机时,主要以动能形式对飞机结构产生作用。根据美国国家运输安全委员会(NTSB)鸟撞审定标准和损伤控制报告[1],鸟撞冲击能量指的就是在鸟体撞击飞机结构前的瞬间鸟体的动能,即 $E = mv^2/2$,它包含两个因素:鸟体质量 m 和速度 v。鸟撞损伤程度随鸟撞冲击能量 $E = mv^2/2$ 的增大而加重。

3.1.1.1　鸟重的确定

为保证飞机在遭受鸟撞之后仍能完成安全飞行,现有的适航规章已对鸟撞发生时的鸟重的标准要求如下:

(1) CCAR 25.571(一般结构):鸟重 1.8 kg(4 lb),飞机与鸟沿着飞机飞行航迹的相对速度取海平面 V_C 或 2 450 m(8 000 ft) 0.85V_C,两者中的较严重者;

(2) CCAR 25.631(尾翼):鸟重 3.6 kg(8 lb),飞机的速度(相对于鸟沿飞机飞行航迹)等于按 §25.335(a)选定的海平面 V_C;

(3) CCAR 25.775(风挡和窗户):鸟重 1.8 kg(4 lb),飞机的速度(相对于鸟沿飞机飞行航迹)等于按 §25.335(a)选定的海平面 V_C。

根据我国实际鸟撞事件的统计信息,有明确鸟体质量记录的最大鸟体是蛇雕(鹰的一种类群),为 1.8 kg。

3.1.1.2　鸟撞速度的确定

发生鸟撞时的速度主要取决于当时的飞机飞行速度,通常情况下鸟撞发生时的飞行速度常难以精确获取,但多数情况下可以基本确认鸟撞发生的飞行阶段。因此可以参照飞行阶段与飞行速度的对应关系,得到粗略的飞行速度估计值。依据咨询通告(AC)《运行阶段和地面阶段》(AC - 396 - AS - 2014 - 06),鸟撞发生飞行阶段可以分为起飞、初始爬升、航路飞行、进近、着陆五个飞行阶段,原划分方式中的"下降"阶段自 2014 年起被归入"航路飞行"中。各飞行高度和飞行阶段及不同飞行速度范围内的鸟撞事件数统计详见附录 B 中图 B.6、图 B.7 和图 B.8 及说明。

根据收集到的 2006~2017 年 30 000 余条鸟撞数据,明确给出鸟重 m 的数据约 1 000 条,明确给出速度 v 的数据不足 1 000 条,同时记录鸟重和飞行速度的数据约 100 条,但同时记录鸟重和飞行阶段的数据有近 1 000 条,由于既有鸟重 m 又有速度 v 的数据偏少,故通过分析飞行阶段与飞行速度的对应关系,间接得到飞行速度。但是,不同机型的飞机飞行速度存在较大的差别,而且同一机型在执行不同的航线任务时,由于航空公司给定的成本指数 CI 值不同,各飞行阶段的飞行速度也不尽相同。因此,在确定飞行速度的时,通过查询飞行手册、调研航空公司以及咨询飞行员等方式,取鸟撞数据中同一飞行阶段的现有速度的平均值作为该飞行阶段的代表速度值(表 3.1),同时取鸟撞数据中鸟体质量和飞行阶段或飞行速度均明确的数据进行统计分析。

表 3.1　飞行阶段与平均飞行速度估算对应表

飞 行 阶 段	飞行速度/(m/s)
起飞	90
初始爬升	130
航路飞行	260
进近	90
着陆	75

3.1.1.3　冲击能量的确定

根据表 3.1 中确定的不同飞行阶段与飞行速度之间的估算对应关系,对鸟撞数据库中有鸟重和飞行阶段的记录数据进行冲击能量统计分析,得到我国航空器遭遇鸟撞的冲击能量频数如图 3.1 所示。

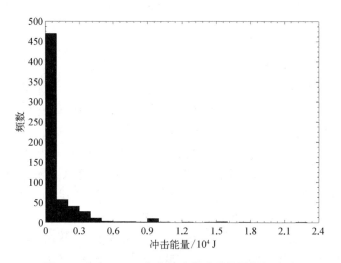

图 3.1　2006~2017 年鸟撞事件冲击能量频数统计

3.1.2　鸟撞冲击能量分布研究

3.1.2.1　冲击能量数据的常规分布拟合研究

为了研究得到冲击能量的分布特征,对 2006~2017 年有鸟重和飞行阶段记录的鸟撞冲击能量数据,采用常规分布进行了拟合,图 3.2~图 3.11 分别给出了采用正态分布、对数正态分布、威布尔分布、指数分布、Gamma 分布、最小极值分布、最大极值分布、Logistic 分布、对数 Logistic 分布的拟合结果。

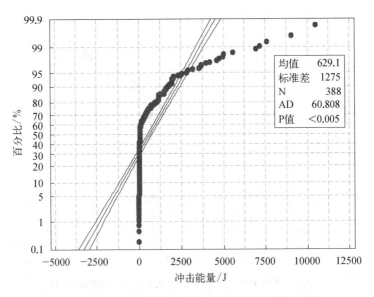

图 3.2　鸟撞冲击能量正态分布拟合(95%置信区间)

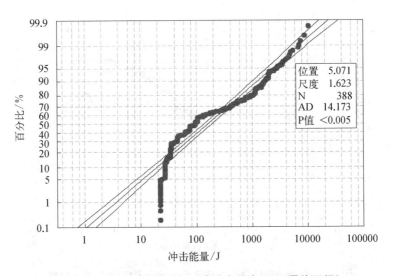

图 3.3　鸟撞冲击能量对数正态分布拟合(95%置信区间)

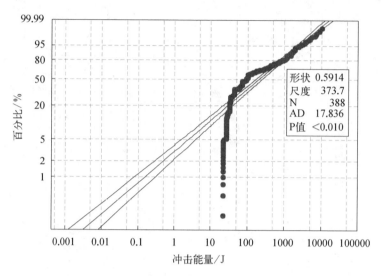

图 3.4　鸟撞冲击能量威布尔分布拟合（95%置信区间）

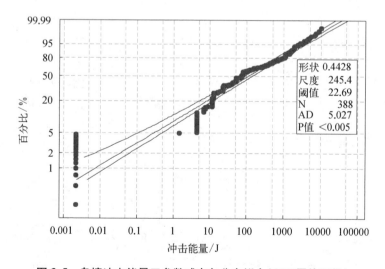

图 3.5　鸟撞冲击能量三参数威布尔分布拟合（95%置信区间）

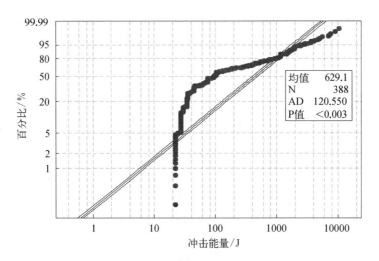

图 3.6　鸟撞冲击能量指数分布拟合 (95%置信区间)

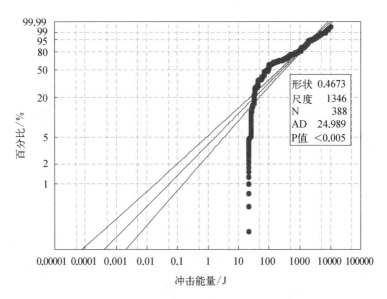

图 3.7　鸟撞冲击能量 Gamma 分布拟合 (95%置信区间)

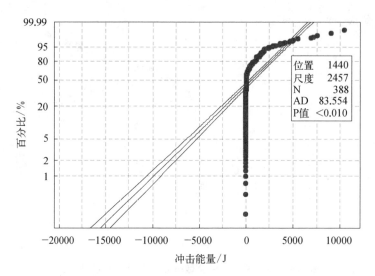

图3.8　鸟撞冲击能量最小极值分布拟合（95%置信区间）

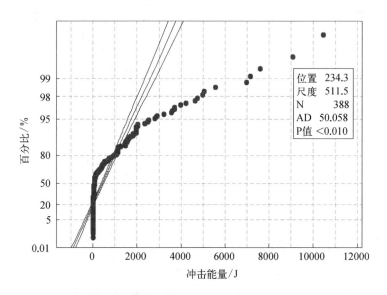

图3.9　鸟撞冲击能量最大极值分布拟合（95%置信区间）

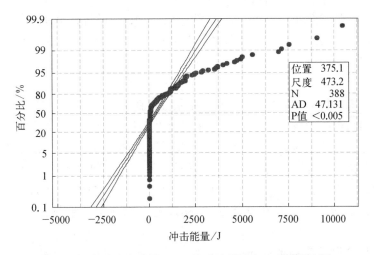

图 3.10　鸟撞冲击能量 Logistic 分布拟合(95% 置信区间)

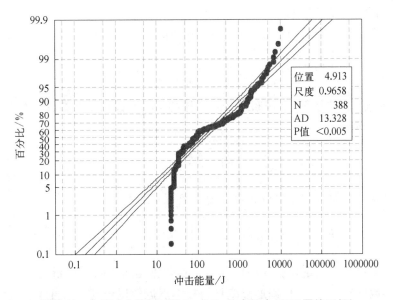

图 3.11　鸟撞冲击能量对数 Logistic 分布拟合(95% 置信区间)

P 值用来确定否定假设检验中原假设的适当性,取置信水平 95%,则当 P 值大于 0.05 时,数据才能被认为服从某一分布类型。拟合分布统计量(AD)用于测量数据是否服从特定分布的程度,分布与数据拟合越好,此统计量越小。由图 3.2~图 3.11 可知,其中的 P 值均小于 0.05,且 AD 统计量均较大,故鸟撞冲击能量数据不符合现有常用的分布类型。

3.1.2.2 冲击能量数据的混合威布尔分布研究

考虑到两重两参数威布尔混合分布对复杂系统一向具有较好的拟合效果,工程应用中选用较多,实际案例表明两重两参数威布尔分布已经可以满足一般的工程需求[2]。混合威布尔分布在改进的同时虽然扩大了适用范围,却引入了较多未知参数,增加了计算难度。因此,可以先从两重两参数混合威布尔分布入手,初步验证冲击能量数据的分布类型,在初步符合的前提下继续进行后续的参数估计。

两重两参数混合威布尔分布定义:如果一个总体由 2 个子体组成,对应的各子体均服从威布尔分布,但参数不同,设各子体的概率密度函数分别为 $f_1(t)$ 和 $f_2(t)$,各子体的混合权数分别为 p_1 和 p_2,且 $p_1 + p_2 = 1$,则总体的概率密度函数为

$$f(t) = p_1 \cdot f_1(t) + p_2 \cdot f_2(t) \tag{3.1}$$

式中,t 为概率密度函数的随机变量。

若每个子体都服从两参数威布尔分布,即概率密度函数 $f_i(t)$ 表达式为

$$f_i(t) = \frac{\beta_i}{\eta_i} t^{\beta_i - 1} \exp\left[-\left(\frac{t}{\eta_i}\right)^{\beta_i}\right] \quad (i = 1, 2) \tag{3.2}$$

式中,β_i 和 η_i 分别为第 i 个威布尔分布子体的形状参数和比例参数。

累积分布函数 $F_i(t)$ 为

$$F_i(t) = 1 - \exp\left[-\left(\frac{t}{\eta_i}\right)^{\beta_i}\right] \quad (i = 1, 2) \tag{3.3}$$

两重两参数混合威布尔分布可靠度函数可表示为

$$R(t) = p_1 R_1(t) + p_2 R_2(t) = p_1 \exp\left[-\left(\frac{t}{\eta_1}\right)^{\beta_1}\right] + p_2 \exp\left[-\left(\frac{t}{\eta_2}\right)^{\beta_2}\right] \tag{3.4}$$

此时需要初步确定现有的鸟撞冲击能量数据是否大致符合混合威布尔分布。对于两参数威布尔分布,可以通过变换将样本点近似拟合成一条直线。

将式(3.3)变换成式(3.5):

$$\frac{1}{1 - F(t)} = \exp\left(\frac{t}{\eta}\right)^{\beta} \tag{3.5}$$

对式(3.5)两边取两次自然对数：

$$\ln\left[\ln\frac{1}{1-F(t)}\right]=\beta\ln(t)-\beta\ln\eta \qquad (3.6)$$

令

$$\begin{cases} y=\ln(\ln\{1/[1-F(t)]\}) \\ x=\ln(t) \\ b=-\beta\ln\eta \\ w=\beta \end{cases} \qquad (3.7)$$

将式(3.7)代入式(3.6)，得

$$y=wx+b \qquad (3.8)$$

式(3.8)即为等分度平面直角坐标系 $x-y$ 中的一条直线方程，斜率为 w，截距为 b，称其为拟合直线或分布直线。将鸟撞冲击能量数据由小到大排列，并用中位秩公式(3.9)计算累积失效概率的估计值 $\tilde{F}(t_i)$，以鸟撞冲击能量数据取自然对数为 x 轴，以 $\ln(\ln\{1/[1-F(t)]\})$ 为 y 轴，如图 3.12 所示。

$$\tilde{F}(t_i)=\frac{i-0.3}{n+0.4} \quad (i=1,2,\cdots,n) \qquad (3.9)$$

式中，n 为鸟撞冲击能量数据的数量。

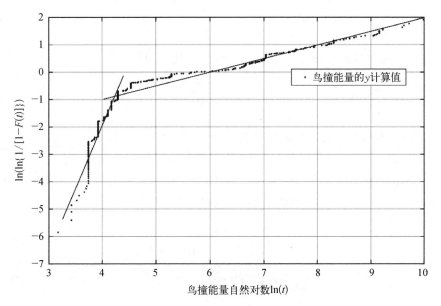

图 3.12　鸟撞冲击能量拟合直线图

根据图解法,两个子体分布分别对应着概率图上的两条直线,且图中的点形成的曲线由两条逼近的直线可以得到一个交点,因此,初步可判定数据大致符合两重两参数混合威布尔分布。

3.1.2.3 冲击能量混合威布尔分布参数估计的 L-M 算法

图解法可以用于初步求得两重两参数威布尔混合分布的五个未知参数,但是估计结果并不精确,且只能作为解析法的初值。非线性最小二乘法以"误差平方总和最小"为估计准则,常用于估计非线性模型的参数,目前已广泛应用于试验数据的拟合与分析。

由式(3.4)可知,两重两参数威布尔混合分布的可靠性函数可表示为

$$P(t) = p_1 R_1(t) + p_2 R_2(t) = p_1 \exp\left[-\left(\frac{t}{\eta_1}\right)^{\beta_1}\right] + p_2 \exp\left[-\left(\frac{t}{\eta_2}\right)^{\beta_2}\right] \quad (3.10)$$

用 $\boldsymbol{x} = (x_1, x_2, x_3, x_4, x_5)^{\mathrm{T}}$ 表示两重两参数威布尔混合分布模型的参数向量,向量中的各分量分别代表未知参数 p_1、η_1、β_1、η_2、β_2,其中 $p_2 = 1 - p_1$。则式(3.10)可改写为

$$P(t, \boldsymbol{x}) = x_1 \exp\left[-\left(\frac{t}{x_2}\right)^{x_3}\right] + (1 - x_1)\exp\left[-\left(\frac{t}{x_4}\right)^{x_5}\right] \quad (3.11)$$

由式(3.9)可得鸟撞冲击能量的可靠度 $\tilde{P}(t)$ 观测值为

$$\tilde{P}(t_i) = 1 - \tilde{F}(t_i) = 1 - \frac{i - 0.3}{n + 0.4} \quad (i = 1, 2, \cdots, n) \quad (3.12)$$

建立最优参数 $\boldsymbol{x} = (x_1, x_2, x_3, x_4, x_5)^{\mathrm{T}}$ 的优化目标函数:

$$\min \lambda(\boldsymbol{x}) = \frac{1}{2}\sum_{i=1}^{n} r_i^2(\boldsymbol{x}) \quad (3.13)$$

式中,$r_i(\boldsymbol{x})$ 为残差向量,即 $r_i(\boldsymbol{x}) = \tilde{P}(t_i) - P(t_i, \boldsymbol{x})$,$i = 1, 2, \cdots, n$。

根据混合威布尔分布模型的性质,各参数有一定的约束条件,即 $0 < p_1 < 1$,$\eta_1 > 0$,$\beta_1 > 0$,$\eta_2 > 0$,$\beta_2 > 0$。为了使用无约束优化的 L-M(Levenberg-Marquardt)方法[3] 求解目标函数的解,可以通过下列变换去掉约束条件。令

$$x_1 = \frac{\exp(\theta_1)}{\exp(\theta_1) + \exp(-\theta_1)} \quad (3.14)$$

$$x_j = \exp(\theta_j) \quad (j = 2, 3, 4, 5) \quad (3.15)$$

令 $\boldsymbol{\theta} = (\theta_1, \theta_2, \theta_3, \theta_4, \theta_5)^{\mathrm{T}}$,将式(3.14)和式(3.15)代入式(3.11),即

$$P(t, \boldsymbol{\theta}) = \frac{\exp(\theta_1)}{\exp(\theta_1) + \exp(-\theta_1)} \exp\left\{-\left[\frac{t}{\exp(\theta_2)}\right]^{\exp(\theta_3)}\right\}$$

$$+ \left(1 - \frac{\exp(\theta_1)}{\exp(\theta_1) + \exp(-\theta_1)}\right) \exp\left\{-\left[\frac{t}{\exp(\theta_4)}\right]^{\exp(\theta_5)}\right\}$$

$$(3.16)$$

经过变换,式(3.13)转变为无约束优化问题:

$$\min \lambda(\boldsymbol{\theta}) = \frac{1}{2} \sum_{i=1}^{n} r_i^2(\boldsymbol{\theta}) = \frac{1}{2} \sum_{i=1}^{n} [\tilde{P}(t_i) - P(t_i, \boldsymbol{\theta})]^2 \qquad (3.17)$$

当最终求得 $\boldsymbol{\theta} = (\theta_1, \theta_2, \theta_3, \theta_4, \theta_5)^T$ 的最优解后,可通过式(3.14)、式(3.15)求出鸟撞冲击能量数据两重两参数混合威布尔分布的五个未知参数。

求解非线性最小二乘法可采用迭代法中的 L-M 算法[3]。L-M 算法采用目标函数的二阶微分,并采用了一个方向矢量来不断调整计算的收敛方向,其思想为使目标函数下降的最佳方向应该在 Gauss-Newton 方向和最速下降方向之间,从而可以获得更快的收敛速度。L-M 的迭代算法为

$$\boldsymbol{\theta}^{(k+1)} = \boldsymbol{\theta}^{(k)} - \{J(\boldsymbol{\theta}^{(k)})^T J(\boldsymbol{\theta}^{(k)}) + l^{(k)} \times \operatorname{diag}[J(\boldsymbol{\theta}^{(k)})^T J(\boldsymbol{\theta}^{(k)})]\}^{-1} J(\boldsymbol{\theta}^{(k)})^T r(\boldsymbol{\theta}^{(k)})$$

$$(3.18)$$

式中,k 为迭代增量变量;$l^{(k)}$ 为第 k 次迭代下的步长;$\boldsymbol{\theta}^{(k)}$ 为第 k 次迭代下的参数估计值向量;$r(\boldsymbol{\theta})$ 称为残差矩阵,即 $r(\boldsymbol{\theta}) = [r_1(\boldsymbol{\theta}), r_1(\boldsymbol{\theta}), \cdots, r_n(\boldsymbol{\theta})]$;$J(\boldsymbol{\theta}^{(k)})$ 为目标函数 $\boldsymbol{\lambda}(\boldsymbol{\theta})$ 在 $\boldsymbol{\theta}^{(k)}$ 处的 Jacobi 矩阵,即

$$J(\boldsymbol{\theta})^T = \begin{bmatrix} \dfrac{\partial r_1(\boldsymbol{\theta})}{\partial \theta_1} & \dfrac{\partial r_2(\boldsymbol{\theta})}{\partial \theta_1} & \cdots & \dfrac{\partial r_n(\boldsymbol{\theta})}{\partial \theta_1} \\[2mm] \dfrac{\partial r_1(\boldsymbol{\theta})}{\partial \theta_2} & \dfrac{\partial r_2(\boldsymbol{\theta})}{\partial \theta_2} & \cdots & \dfrac{\partial r_n(\boldsymbol{\theta})}{\partial \theta_2} \\[2mm] \vdots & \vdots & \ddots & \vdots \\[2mm] \dfrac{\partial r_1(\boldsymbol{\theta})}{\partial \theta_m} & \dfrac{\partial r_2(\boldsymbol{\theta})}{\partial \theta_m} & \cdots & \dfrac{\partial r_n(\boldsymbol{\theta})}{\partial \theta_m} \end{bmatrix} \qquad (3.19)$$

式中,m 为待估计参数数量,本例中 m 为 5。L-M 算法的具体步骤如下:

(1) 令 $k = 0$,给定初值 $\boldsymbol{\theta}^{(k)}$,迭代精度 $\varepsilon_{\text{stop}}$,初始步长 $l^{(k)}$;

(2) 计算 $r(\boldsymbol{\theta}^{(k)})$ 和 $J(\boldsymbol{\theta}^{(k)})$,令 $A = J(\boldsymbol{\theta}^{(k)})^T J(\boldsymbol{\theta}^{(k)})$,$B = J(\boldsymbol{\theta}^{(k)})^T r(\boldsymbol{\theta}^{(k)})$;

(3) 计算 $\boldsymbol{\theta}^{(k+1)}$ 及目标函数 $\lambda(\boldsymbol{\theta}^{(k+1)})$ 的值;

(4) 如果 $\lambda(\boldsymbol{\theta}^{(k+1)}) \leqslant \varepsilon_{\text{stop}}$,最优解为 $\boldsymbol{\theta}^{(k+1)}$,迭代结束,否则转到步骤(5);

（5）如果 $\lambda(\boldsymbol{\theta}^{(k+1)}) \geq \lambda(\boldsymbol{\theta}^{(k)})$，改变步长，令 $l^{(k)} = 10l^{(k)}$，转到步骤（6），如果 $\lambda(\boldsymbol{\theta}^{(k+1)}) < \lambda(\boldsymbol{\theta}^{(k)})$，改变步长，令 $l^{(k)} = 0.1l^{(k)}$，转到步骤（6）；

（6）令 $k = k + 1$，重复步骤（2）。

3.1.2.4　鸟撞冲击能量分布参数估计

根据 2006～2017 年的鸟撞事件统计数据和 3.1.2.3 节中的参数估计方法，鸟撞冲击能量数据的分布拟合结果如图 3.13 所示，并与一般两参数威布尔分布拟合结果进行比较，如图 3.13 和表 3.2、表 3.3 所示。

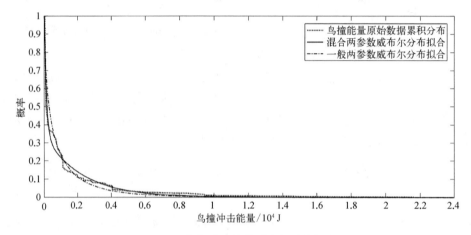

图 3.13　鸟撞冲击能量威布尔分布拟合

表 3.2　两种拟合分布的参数估计结果

参　　数	p_1	η_1	β_1	η_2	β_2
两重两参数混合威布尔分布	0.346 4	2 204.685 2	1	127.346 3	1
一般两参数威布尔分布	$\eta = 542.098\ 7,\ \beta = 0.601\ 1$				

表 3.3　两种拟合分布的拟合优度对比

拟合优度评估指标	残差平方和 SSE	均方差 RMSE	相关系数平方（确定系数）R^2
两重两参数混合威布尔分布	1.613 3	0.041 3	0.957 9
一般两参数威布尔分布	6.074 5	0.080 2	0.906 8

SSE 计算的是拟合数据和原始数据对应点的误差的平方和，该值越接近于 0，说明模型选择和拟合更好，数据预测也更成功；RMSE 计算的是 SSE/n 的平方根，

该值越接近于 0，说明模型选择和拟合更好，数据预测也更成功；相关系数的平方（确定系数，coefficient of determination）R^2 的正常取值范围为 0~1，越接近 1 说明该模型对数据的拟合效果越好。

综合以上，此处混合威布尔分布的拟合效果明显比一般两参数威布尔分布好，由此确定了鸟撞冲击能量数据的概率分布。

以 e 表示鸟撞冲击能量，则鸟撞冲击能量的概率函数为

$$P(e) = 0.346\,4 \exp\left[-\left(\frac{e}{2\,204.685\,2}\right)^1\right] + 0.653\,6 \exp\left[-\left(\frac{e}{127.346\,3}\right)^1\right]$$

（3.20）

其物理意义是冲击能量大于 e 的概率为 $P(e)$，e 和 $P(e)$ 的关系如图 3.13 所示。因此，假定冲击能量处于 $[e_1, e_2]$ 内，那么其对应的概率值为

$$P(e_1 \leqslant e < e_2) = P(e_1) - P(e_2) \tag{3.21}$$

3.2　基于安全性目标的条款充分性评估

3.2.1　鸟撞能量概率估算

CCAR 25.571 规定：飞机一般结构（包括机翼）受到 1.8 kg（4 lb）重的鸟的撞击，飞机与鸟沿着飞机飞行航迹的相对速度取海平面 V_C 或 2 450 m（8 000 ft）0.85V_C，两者中的较严重者。CCAR 25.631 规定：尾翼结构的设计必须保证飞机在与 3.6 kg（8 lb）重的鸟相撞之后，仍能继续安全飞行和着陆，相撞时飞机的速度（相对于鸟沿飞机飞行航迹）等于按 §25.335(a) 选定的海平面 V_C。参考国内外主流运输类飞机的 V_C 速度，选取 $V_C = 180$ m/s 作为鸟撞速度，因此，本章节确定以 180 m/s 作为鸟撞平均速度，以确定不同适航条款要求对应的鸟撞能量要求，即 4 lb 和 8 lb 抗鸟撞要求对应的可承受的冲击能量值分别为 $e_{4\,\mathrm{lb}} = 29\,393$ J 和 $e_{8\,\mathrm{lb}} = 58\,786$ J，则鸟撞冲击能量大于 29 393 J 和大于 58 786 J 的概率风险分别为

$$P_{4\,\mathrm{lb}} = P(e > e_{4\,\mathrm{lb}} \mid \mathrm{bird} = 1)$$
$$= 5.617\,4 \times 10^{-7}$$

$$P_{8\,\mathrm{lb}} = P(e > e_{8\,\mathrm{lb}} \mid \mathrm{bird} = 1)$$
$$= 9.109\,5 \times 10^{-13}$$

飞机抗 4 lb 和 8 lb 鸟撞适航条款对应的冲击能量及其概率值如图 3.14 所示。

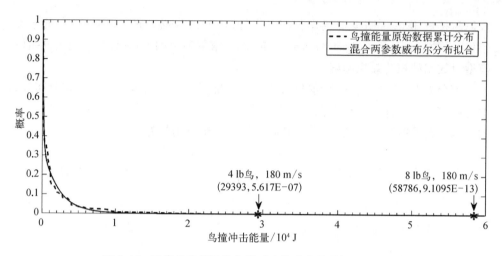

图 3.14 飞机抗鸟撞适航条款对应的冲击能量及其概率值

以 2015 年为例,我国民航鸟撞事件万架次率为 4.455,假设每架次飞机的平均飞行小时为 3 小时,则每架飞机每飞行小时发生鸟撞的概率为 $P(\text{bird} = 1) = 1.485 \times 10^{-4}$。根据当年发生鸟撞部位的统计数据[4],机翼发生鸟撞的次数占总体的比例为 14.94%,尾翼发生鸟撞的次数占总体的比例为 2.33%,则机翼和尾翼每飞行小时发生鸟撞的概率分别为

$$P^{w}(\text{bird} = 1) = 1.485 \times 10^{-4} \times 14.94\%$$
$$= 2.2186 \times 10^{-5}$$

$$P^{t}(\text{bird} = 1) = 1.485 \times 10^{-4} \times 2.33\%$$
$$= 3.4601 \times 10^{-6}$$

由此,鸟撞机翼和尾翼且超过适航要求的冲击能量临界值的风险分别为

$$P^{w}_{4\,\text{lb}} = P(e > e_{4\,\text{lb}} \mid \text{bird} = 1) \cdot P(\text{bird} = 1)$$
$$= (5.6174 \times 10^{-7}) \times (2.2186 \times 10^{-5})$$
$$= 1.2463 \times 10^{-11}$$

$$P^{t}_{8\,\text{lb}} = P(e > e_{8\,\text{lb}} \mid \text{bird} = 1) \cdot P(\text{bird} = 1)$$
$$= (9.1095 \times 10^{-13}) \times (3.4601 \times 10^{-6})$$
$$= 3.1520 \times 10^{-18}$$

对照表 2.2 中具有共识性的发生灾难性事故的目标概率 10^{-9},可知在我国鸟情环境下,对于飞机机翼遭遇 4 lb 重的鸟体撞击的概率满足安全性目标,对于飞机尾翼遭受 8 lb 重的鸟体撞击的概率远远满足安全性目标,即我国现行的飞机机翼和尾翼

抗鸟撞适航条款是充分的,且尾翼抗鸟撞适航条款过于保守。同时,鉴于尾翼抗鸟撞适航条款过于保守的结果,对尾翼每飞行小时遭受 4 lb 鸟撞击的概率计算为

$$
\begin{aligned}
P_{4\,lb}^{t} &= P(e > e_{4\,lb} \mid bird = 1) \cdot P(bird = 1) \\
&= (5.617\,4 \times 10^{-7}) \times (3.460\,1 \times 10^{-6}) \\
&= 1.943\,5 \times 10^{-12}
\end{aligned}
$$

上述计算结果表明,我国鸟情环境下飞机尾翼抗 4 lb 鸟重的适航条款也是充分且保守的。

对照 2.4.4 节中对整架飞机每次飞行时遭遇超过 4 lb 鸟/海平面巡航速度撞击的能量和超过 8 lb 鸟/海平面巡航速度撞击的能量的概率分别为 10^{-7} 和 10^{-8} 的安全性目标,则每次飞行发生与 4 lb 和 8 lb 以上质量的鸟撞击概率分别为

$$
\begin{aligned}
P_{4\,lb}^{a} &= P(e > e_{4\,lb} \mid bird = 1) \cdot P(bird = 1) \\
&= (5.617\,4 \times 10^{-7}) \times (4.455 \times 10^{-4}) \\
&= 2.502\,6 \times 10^{-10} \ll 10^{-7}
\end{aligned}
$$

$$
\begin{aligned}
P_{8\,lb}^{a} &= P(e > e_{8\,lb} \mid bird = 1) \cdot P(bird = 1) \\
&= (9.109\,5 \times 10^{-13}) \times (4.455 \times 10^{-4}) \\
&= 4.058\,3 \times 10^{-16} \ll 10^{-8}
\end{aligned}
$$

上述计算结果表明,我国鸟情环境下整架飞机每次飞行时抗 4 lb 鸟和 8 lb 鸟撞击的适航条款也是充分的,且抗 8 lb 鸟撞击的适航条款也是过于保守的。

3.2.2　FAA 期望提高鸟体质量的估算

为了验证上述研究方法和研究结果的一定可信性,以 FAA 网站上公布的国家野生动物撞击数据库(NWSD)中的 2006~2019 年的鸟撞事件信息为基础,挑选具有撞击速度记载值及明确鸟种的 1 万余条记录数据进行统计分析,得到鸟撞能量概率分布大致服从对数正态分布(位置参数 5.843,比例参数 1.367),如图 3.15 所示。

图 3.15 显示: 4 lb 和 8 lb 的鸟以 180 m/s 的速度撞击后,大于相应撞击能量的概率分别为 $5.847\,8 \times 10^{-4}$ 和 $8.727\,6 \times 10^{-5}$。根据 *Wildlife Strikes to Civil Aircraft in the United States, 1990 - 2019* 报告[5],以美国 2015 年为例(对应我国 2015 年的运行数据),美国平均鸟撞事件万架次率为 3.192,假设每架次飞机的平均飞行小时为 3 小时,可以得到美国商业飞机平均每飞行小时发生鸟撞事件的概率为 $P(bird = 1) = 1.064 \times 10^{-4}$;同时,机翼和尾翼发生鸟撞的次数占鸟撞事件总数的比例分别为 14% 和 1%。因此,对机翼而言,4 lb 及以上质量的鸟体每飞行小时发生撞击机翼的概

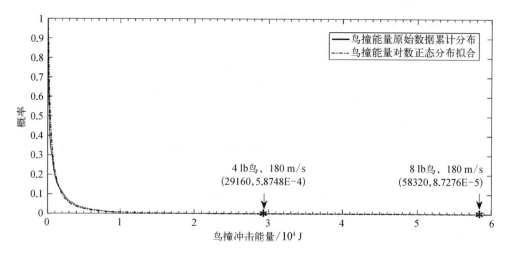

图 3.15   基于 FAA 鸟撞能量分布的飞机适航条款相关的冲击能量及其概率值

率为 $P_{4\text{lb}}^{\text{w}} = 5.847\,8 \times 10^{-4} \times 1.064 \times 10^{-4} \times 0.14 = 8.710\,9 \times 10^{-9}$，大于灾难性事故安全目标 10^{-9}[6]；对于尾翼而言，8 lb 及以上质量的鸟体每飞行小时发生撞击平尾或者垂尾的概率为 $P_{8\text{lb}}^{\text{t}} = 8.727\,6 \times 10^{-5} \times 1.064 \times 10^{-4} \times 0.01 = 9.286\,2 \times 10^{-11} \approx 10^{-10}$，小于灾难性事故安全目标 10^{-9}。上述分析说明：机翼抗 4 lb 鸟重的适航条款要求已经不满足北美地区发生灾难性鸟撞风险的安全目标，存在较大的发生灾难性鸟撞飞机事件的风险，这个结论与 FAA 提出的将飞机机翼抗鸟撞鸟重标准提升至 8 lb 具有趋同性；尾翼发生 8 lb 及以上质量的鸟体撞击的概率也体现了 FAA 继续提高尾翼抗鸟撞适航标准的意向。这从侧面反映了基于鸟撞冲击能量统计分布的研究方法和我国鸟情环境下现行的飞机机翼尾翼抗鸟撞适航条款的充分性结论具有一定的可信性。同时，鉴于基于美国鸟情的飞机机翼抗 4 lb 鸟撞击的安全不充分性，对机翼每飞行小时遭受 8 lb 鸟撞击的概率计算为 $P_{8\text{lb}}^{\text{w}} = 8.727\,6 \times 10^{-5} \times 1.064 \times 10^{-4} \times 14\% = 1.300\,1 \times 10^{-9}$。该结果表明，美国鸟情环境下飞机机翼抗 8 lb 鸟重的适航条款接近但仍超出发生灾难性事故的安全性目标，安全风险裕度为负。

对照 2.4.4 节中对整架飞机每次飞行时遭遇超过 4 lb 鸟/海平面巡航速度撞击的能量和超过 8 lb 鸟/海平面巡航速度撞击的能量的概率分别为 10^{-7} 和 10^{-8} 的安全性目标，则每次飞行发生与 4 lb 和 8 lb 以上质量的鸟撞击概率分别为

$$P_{4\text{lb}}^{\text{a}} = P(e > e_{4\text{lb}} \mid \text{bird} = 1) \cdot P(\text{bird} = 1)$$
$$= (5.847\,8 \times 10^{-4}) \times (3.192 \times 10^{-4})$$
$$= 1.866\,7 \times 10^{-7} > 10^{-7}$$

$$P_{8\,\text{lb}}^{\text{a}} = P(e > e_{8\,\text{lb}} \mid \text{bird} = 1) \cdot P(\text{bird} = 1)$$

$$= (8.727\,6 \times 10^{-5}) \times (3.192 \times 10^{-4})$$

$$= 2.785\,8 \times 10^{-8} > 10^{-8}$$

上述计算结果表明,美国鸟情环境下整架飞机每次飞行时抗 4 lb 鸟和 8 lb 鸟撞击的适航条款是不充分的,这也印证了美国局方近年来一直致力于推动和协调提高飞机抗鸟撞适航认证标准的努力和想法。

3.3　基于安全性目标的条款适宜性评估

3.3.1　不同安全性目标下的鸟重确定

以 1×10^{-9} 为鸟撞安全性目标,根据 3.1 节的我国鸟撞航空器能量概率分布函数及附录中的鸟撞事件万架次率、机翼尾翼部位发生鸟撞的频次比例等数据进行鸟重反推,得到机翼结构对应的可承受的鸟体质量为 1.218 kg(2.69 lb)。即从安全性目标的角度出发,对处于我国鸟情环境下的飞机机翼的抗鸟撞要求中的鸟体质量需要达到 1.218 kg,小于目前我国对民机机翼抗鸟撞适航要求中对鸟体的质量要求(1.8 kg)。为了指导结构设计,需要得到不同抗鸟撞设计与风险值的对应关系,从而可以掌握一定的抗鸟撞设计标准下对应的鸟撞风险,即安全性水平。飞机机翼不同抗鸟撞结构设计所能承受的鸟重与风险值的对应关系如图 3.16 所示(以 2015 年鸟撞事件万架次率为 4.455、每架次平均飞行 3 h 为例)。

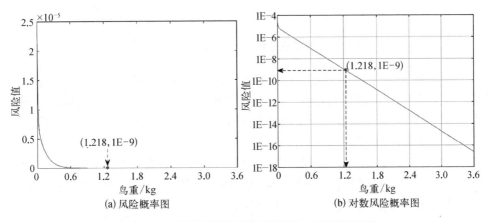

(a) 风险概率图　　　　　　　(b) 对数风险概率图

图 3.16　飞机机翼结构遭遇的鸟重与对应的风险值

同理,如以 1×10^{-9} 为尾翼抗鸟撞安全性目标(不按平尾和垂尾分别计算)对应的鸟体质量为 0.965 kg(2.13 lb),即如果仅从设定的安全性目标出发,对处于我国鸟情环境运行的飞机尾翼的抗鸟撞设计要求只需要达到 0.965 kg 即可。因此,在我国鸟情环境下,CCAR 25.631 中对尾翼结构的鸟撞适航要求(8 lb)是非常安全和保守的。

实际上,在我国的鸟情环境背景下,出现鸟体质量大于 3.6 kg(8 lb)且撞击能量超过 58 786 J 的概率极低。但是,由于尾翼一旦遭受鸟撞,导致事故征候的概率较高,因此应当结合鸟撞尾翼试验,设定合适的安全裕度,并针对尾翼结构进一步优化安全性目标,确保飞机整体的安全性水平。假设设定针对飞机尾翼结构的安全性目标为 1×10^{-10},反推得到的鸟体质量为 1.278 kg(2.82 lb);假设设定针对飞机尾翼结构的安全性目标为 1×10^{-11},反推得到的鸟体质量为 1.591 kg(3.51 lb)。飞机尾翼不同抗鸟撞结构设计所能承受的鸟重与风险值的对应关系如图 3.17 所示(以 2015 年鸟撞事件万架次率为 4.455、每架次平均飞行 3 h 为例)。

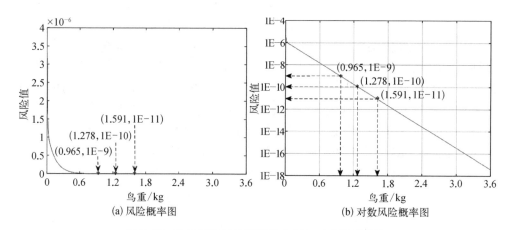

图 3.17　飞机尾翼结构遭遇的鸟重与对应的风险值

图 3.16 和图 3.17 显示了飞机机翼和尾翼结构设计可承受的不同鸟重撞击对应的安全性水平(风险值);相反,如果规定了可接受的安全性水平,就可以得到结构必须达到的可承受的最大冲击能量值或鸟重值。这对飞机机翼和尾翼抗鸟撞结构的设计及优化改进具有重要的参考意义。

需要注意的是,由于收集到的鸟撞数据有限,计算结果与实际情况可能还存在差异。因此,还需要进行进一步的鸟撞试验验证以及持续的鸟撞案例统计分析,以更加准确地得到安全性目标对应的鸟体质量。

3.3.2　FAA 期望提高鸟体质量的进一步估算

以 3.2.2 节中 FAA 网站上公布的 2006~2019 年的鸟撞事件数据及其鸟撞能

量分布函数为基础,以 10^{-9} 为安全性目标,反推机翼应承受的抗鸟撞鸟重为 3.9 kg,大于目前规章要求的 4 lb(1.8 kg)鸟重,这也许正是从一个重要维度佐证了 FAA 近 20 年来一直在讨论将机翼抗鸟撞鸟重标准提高至 8 lb(3.6 kg)的证据之一;同样,按此安全性目标,反推尾翼应承受的抗鸟撞鸟重应为 1.5 kg,小于目前规章要求的 8 lb(3.6 kg)鸟重。但由于在美国曾经出现过 1 次鸟撞尾翼后机毁人亡的事故,故 FAA 暂时没有调整对尾翼的抗鸟撞鸟重标准。

由 2.4.1 节中关于抗鸟撞鸟重的长期讨论意向和 3.2.2 节中对 FAA 鸟撞数据的统计分析结果,验证本章节所述方法的有效和基于我国鸟情环境下的运输类飞机抗鸟撞适航条款的充分性和适宜性结论的可信性,即对于机翼而言,相关抗鸟撞适航条款具有充分性和适宜性;对于尾翼而言,相关适航条款具有充分性但过于保守。

3.4 我国运输类飞机鸟撞相关条款修订趋势研究

我国运输类飞机鸟撞适航相关条款修订趋势研究主要基于来自鸟撞航空器的部分原始数据。从我国收集的鸟撞航空器信息来看,我国鸟情中也存在质量较大的鸟种,从理论上来讲也存在大鸟与航空器发生碰撞的可能性,只是暂时没有发生安全事故,未列入重点考虑范畴。

3.4.1 基于鸟情分析的鸟撞条款修订趋势研究

从各国实际鸟情来看,欧洲和美国的鸟类以加拿大雁等大中型鸟类为主,同种群鸟规模大,且大型鸟类的数量仍在不断增加。自 1990 年以来,我国民航鸟撞事件与鸟撞事故征候总体上均呈上升趋势,涉及飞机鸟撞事件的鸟类也很多,根据 2006~2017 年的《中国民航鸟击航空器信息分析报告》,鸟撞的多发物种有家燕、家鸽、麻雀、红隼及蝙蝠等。从地域上来看,华东、中南、华北地区的机场所面临的鸟撞问题更为复杂,形势更为严峻,尤其华东和中南地区也是机场责任区鸟撞和鸟撞事故征候连年多发的区域。未来若干年我国航空运输市场仍将保持高速增长态势,航班量的快速增长使得装有更绿色环保型大推力发动机的大型航空器使用量也日益增多,同时我国生态环境在逐步改善,这些因素共同加剧了鸟类对民航飞行安全的威胁。但是总体来说,我国与美国和欧洲鸟情相比,我国鸟类种类较少,同种群鸟规模偏小,且大部分鸟种体型较小、重量较轻。因此,我国当前的鸟撞条款可以适应运输飞机在我国运行的安全需要,同时从规章适宜性角度分析,认为尾翼需承受 8 lb 鸟撞击的适航要求在我国的鸟情环境下是过于保守的,且 EASA 现行规章 CS-25 部对尾翼鸟撞的鸟体质量要求也是 4 lb 鸟重。故可以考虑调整我国运输类飞机关于尾翼鸟撞鸟体质量(CCAR 25.631 条)的要求为 4 lb。

　　同时,由于我国的鸟撞报告提交率和鸟种类鉴定率较低,鸟类体重等重要数据样本量较小,大型鸟类数量和航班体量在不断增长,鸟撞事件的总数仍在不断上升。如对鸟撞条款进行修订,需进一步积累和分析航空器运行数据及鸟撞案例数据,并继续进行相应的飞机鸟撞试验验证后,再作出修订尾翼鸟撞相关要求修订的最终结论。

3.4.2　基于安全性目标的鸟撞条款修订趋势研究

　　根据 3.2.1 节内容,鸟撞机翼承受超过适航要求的冲击能量临界值的风险约为 1.2×10^{-11},可知在我国的鸟情环境下,机翼发生超过 4 lb 重鸟撞的概率低于安全性目标 1×10^{-9}。因此,从概率统计的角度来说,规章要求[25.571(e)(1)]对于飞机结构能承受 4 lb 重的鸟体撞击的要求完全满足安全目标。鸟撞尾翼承受超过适航要求的冲击能量临界值的风险约为 3.2×10^{-18},远低于安全性目标 1×10^{-9}。因此,从概率统计的角度来说,现行规章要求(25.631 条)尾翼结构能够承受 8 lb 重鸟撞的要求也是大大超过公认的安全目标。

　　根据 2006~2017 年的鸟撞分析报告与鸟撞案例统计可知,虽然存在鸟撞导致飞机严重损伤的情况,但都没有达到灾难性事故的程度,即并没有出现一例机毁人亡的事件,甚至没有记录由于鸟撞而导致人员伤亡事件发生。从我国 2006~2017 年的鸟撞航空器案例来看,统计发现碰撞到飞机的鸟的最大质量为 1.8 kg(种类是蛇雕),即使在鸟撞冲击能量较大的情况下,目前的飞机结构也并没有出现严重的损毁情况,且记录表明即使飞机遭受鸟撞导致损伤也都可以保证完成安全飞行并着陆。这表明我国现有关于飞机鸟撞要求的适航条款达到了预期的安全目标,也说明了现有鸟撞适航规章的充分安全性。

　　因此,基于我国 2006~2017 年的鸟撞航空器信息,从安全目标角度来看,现有的鸟撞适航适航条款完全满足安全性目标要求,即安全充分性完全得到保障;但基于该安全目标值,现有的鸟撞适航条款过于保守,即可以适当降低运输类飞机抗鸟撞适航条款中的鸟重要求。根据前述研究结果,我国运输类飞机机翼的抗鸟撞要求中的鸟体质量只需要达到 1.218 kg(2.69 lb),尾翼抗鸟撞对应的鸟体质量为 0.965 kg(2.13 lb)。

　　运输类飞机除了服务本国航空运输业外,往往还会进行国际销售和跨国运营。这就涉及各国适航当局、各制造商/供应商以及相关运营商之间的双边/多边安全认可问题,也就需要各方之间进行规章标准的兼容覆盖和差异协调的长期沟通。

参考文献:

[1]　Office of Aviation Safety, National Transportation Safety Board of FAA. Bird-strike certification

standards and damage mitigation［R］, 2012.

［2］ 凌丹.威布尔分布模型及其在机械可靠性中的应用研究［D］.成都：电子科技大学,2011.

［3］ 凌丹,黄洪钟,张小玲,等.混合威布尔分布参数估计的 L－M 算法［J］.电子科技大学学报,2008(4)：634－636.

［4］ 中国民用航空局机场司,中国民航科学技术研究院.2014 年度中国民航鸟击航空器信息分析报告［R］.北京,2015.

［5］ Dolbeer R A, Begier M J, Miller P R, et al. Wildlife Strikes to Civil Aircraft in the United States, 1990 – 2019［R］. Washington：DOT/FAA/TC－21/19, 2021.

［6］ SAE. Guidelines and methods for conducting the safety assessment process on civil airborne systems and equipment ［S］. SAE ARP 4761, 1996.

第 4 章
鸟撞适航审定要素和
符合性验证技术

4.1 运输类飞机鸟撞适航要求及符合性方法

4.1.1 结构的安全要求

4.1.1.1 CCAR 25.571(e)条款

1. 条款原文

"(e) 损伤容限(离散源)评定。在下列任一原因很可能造成结构损伤的情况下,飞机必须能够成功地完成该次飞行:

(1) 受到1.8千克(4磅)重的鸟的撞击,飞机与鸟沿着飞机飞行航迹的相对速度取海平面V_C或2 450 m(8 000英尺)0.85V_C两者较严重者。

损伤后的结构必须能够承受飞行中可合理预期出现的静载荷(作为极限载荷考虑)。不需要考虑对这些静载荷的动态影响。必须考虑驾驶员在出现事故后采取的纠正动作,诸如限制机动,避开紊流以及降低速度。如果在结构破坏或部分破坏以后引起结构刚度或几何形状,或此两者有重大变化,则须进一步研究它们对损伤容限的影响。"

2. 条款要求解析

首先,本条款规定了鸟撞适航符合性的原则性要求:飞机遭遇鸟撞后必须能够成功地完成该次飞行。这一点通过设计说明、鸟撞计算、剩余强度计算、系统安全评估和试验室鸟撞试验来表明符合性,适用部位为除发动机之外任何可能遭受鸟撞的飞机结构(包括天线等设备)。由于25.631和25.775条对尾翼和风挡玻璃提出了更高的要求,因此尾翼和风挡玻璃可以不在本条考虑。

其次,条款规定了鸟撞能量,鸟体质量为1.8 kg,鸟撞速度为海平面V_C与2 450 m(8 000 ft)0.85V_C的较大者。

最后,条款规定了损伤后的结构必须进行剩余强度分析。

需要指出的是,如果采用鸟体撞击飞机某部位概率的分析方法来说明不需要进行鸟撞评估是不可接受的。

飞机结构的抗鸟撞能力除了考虑鸟体对结构产生的影响外,还要考虑由于鸟撞导致结构或凸起物破损产生的碎片(如果存在)对飞机结构的影响,即鸟撞二次损伤的影响。主要包括两方面内容:

(1) 外表面凸起物失效产生的二次损伤;

(2) 飞机结构失效产生的二次损伤。

如果鸟撞导致产生碎片,需要评估潜在损伤对其继续安全飞行和着陆的影响,最佳的措施是保持零部件碎片仍然连接在飞机上,也可以采用工程评估或服役经验的方法评估二次损伤。飞机遭遇鸟撞造成的二次损伤案例如图4.1所示[1]。

图 4.1　飞机遭遇鸟撞后二次损伤案例图

3. 符合性方法

对飞机上可能发生鸟撞的主要结构元件(包括机翼、操纵面及其系统,机身、发动机架、起落架,以及上述各部分有关的主要连接),需通过经验证过的分析方法和/或试验的方法来进行验证,并对鸟撞后的损伤结构进行剩余强度分析,评估其结构的剩余强度是否可以保证飞机的继续安全飞行和着陆。

4.1.1.2　CCAR 25.631 条款

1. 条款原文

"尾翼结构的设计必须保证飞机在与3.6千克(8磅)重的鸟相撞之后,仍能继续安全飞行和着陆,相撞时飞机的速度(沿飞机飞行航迹相对于鸟)等于按第25.335(a)条选定的海平面V_c。通过采用静不定结构和把操纵系统元件置于受保护的部位,或采用保护装置(如隔板或吸能材料)来满足本条要求是可以接受的。

在用分析、试验或两者的结合来表明符合本条要求的情况下,使用结构设计类似的飞机的资料是可以接受的。"

2. 条款要求解析

首先,本条款规定了尾翼结构鸟撞符合性的原则性要求:飞机遭遇鸟撞后仍能继续安全飞行和着陆。这一点通过设计说明、鸟撞能量计算、剩余强度计算、系统安全评估和试验室鸟撞试验来表明符合性,一般情况下,适用结构为平尾前缘和垂尾前缘结构,也包括偏转时的方向舵和升降舵结构。

其次,条款规定了鸟撞的能量,鸟体质量为 3.6 kg,鸟撞速度为 CCAR 25.335(a) 选定的海平面 V_c。

再次,条款提供了满足鸟撞设计的建议性方法:通过采用静不定结构和把操纵系统元件置于受保护的部位,或采用保护装置(如隔板或吸能材料)来满足本条要求是可以接受的,(如某型飞机平尾和垂尾前缘均是通过在前梁之前增加辅助梁(材料为 7050 - T7451)来提高抗鸟撞能力的)。

最后,条款给出了符合性方法:一是分析、试验或者两者相结合;二是采用类似飞机结构的资料。

3. 符合性方法

通过验证过的分析方法和/或试验方法对尾翼结构进行验证,并评估其损伤结构的剩余强度是否可以保证飞机的继续安全飞行和着陆。

4.1.1.3　CCAR 25.775 条款

1. 条款原文

"(b) 位于正常执行职责的驾驶员正前方的风挡玻璃及其支承结构,必须能经受住1.8千克(4磅)的飞鸟撞击而不被击穿,此时飞机的速度(沿飞机航迹相对于飞鸟) 等于按 § 25.335(a) 选定的海平面 V_c 值。

(c) 除非能用分析或试验表明发生风挡破碎临界情况的概率很低,否则飞机必须有措施将鸟撞引起的风挡玻璃飞散碎片伤害驾驶员的危险减至最小,必须表明驾驶舱内的下列每块透明玻璃都能满足上述要求:

(1) 位于飞机正面的;

(2) 对飞机纵轴倾斜15度或更大的;

(3) 其某一部分的位置会导致碎片伤害驾驶员的。"

2. 条款要求解析

本条款对位于正常执行职责的驾驶员正前方的风挡玻璃及其支承结构,要求必须能经受住 1.8 kg(4 lb)的飞鸟撞击而不被击穿。通常飞机的风挡有多层结构(如 A320、B737 系列主流机型的主风挡都为 3 层结构)。根据条款要求,其外层风挡可以在鸟撞撞击下发生损伤,但最内层风挡不能发生碎裂。

对于位于飞机正面的,或对飞机纵轴倾斜 15°或更大的,或其某一部分的位置会导致碎片伤害驾驶员的每块透明玻璃,飞机必须有措施将鸟撞引起的玻璃碎片伤害驾驶员的危险降至最低。

对于与飞机纵轴倾斜小于 15°的玻璃,由于角度较小,鸟体在撞击情况下将被弹开,不会对飞机的玻璃造成破坏,不要求对其进行验证。

3. 符合性方法

由于飞机的玻璃通常为多层,所以其性能也存在一定的分散性。在验证时,目前尚没有可靠的分析方法对其进行分析,通常采用试验的方法对驾驶员正前方风挡玻璃(或满足其角度要求的其他玻璃)及其支承结构进行验证,以保证鸟撞不会击穿风挡及其支承结构。

4.1.1.4　CCAR 25.1323(j)条款

1. 条款原文

"(j) 如果要求有两套空速表,则其各自的空速管之间必须相隔足够的距离,以免鸟撞时两个空速管都损坏。"

2. 条款要求解析

本条款对飞机上空速管的布置提出了要求,如果有两套空速表,则其各自的空速管之间必须相隔足够的距离,以免鸟撞时两个空速管都发生损坏。

3. 符合性方法

如果飞机上装有两套空速管,通过图纸设计表明空速管在布置时彼此之间的间隔足够大,可以避免同一次鸟撞而同时发生损坏。

4.1.1.5　CCAR 25.601 条款

1. 条款原文

"飞机不得有经验表明是危险的或不可靠的设计特征或细节。每个有疑问的设计细节和零件的适用性必须通过试验确定。"

2. 条款要求解析

现代许多飞机在驾驶舱安装了 HUD,位于驾驶员的头部区域,供驾驶员在飞行中使用。一般情况下,HUD 是由组合仪(combiner unit)和投影仪(projector unit)两个主要部件及相应的安装支架组成。

当前 25.775 要求考虑避免鸟撞等原因导致风挡产生碎片伤害驾驶员,但并未考虑到风挡遭受鸟撞后对 HUD 组合仪的影响,进而影响到驾驶员的头部。25.571(e)(1)规定了机身鸟撞要求,但并未考虑 HUD 在机头区域结构安装部位遭受鸟撞对驾驶员带来的影响,如果飞鸟撞击 HUD 组合仪转轴/安装位置,将可能因为冲击振动和机头蒙皮变形导致组合仪偏转碰撞到驾驶员造成伤害。如果飞鸟撞击投影仪安装位置,也将可能导致组合仪及其安装产生过大变形、脱落或产生碎片影响驾驶员。故 HUD 安装相对鸟撞要求而言是危险的或不可靠的设计特征或细节。

因此,按照本条款要求,需要通过试验或试验支持的分析表明 HUD 安装不因鸟撞对飞机和驾驶员造成不可接受的危险或伤害。

3. 符合性方法

通过鸟撞试验或者试验支持的分析,确认驾驶员不会受到 HUD 带来的伤害,机头结构也不因安装了 HUD 后在鸟撞时造成不可接受的损伤。若 HUD 对飞行安全是至关重要时,还需要确保鸟撞后 HUD 的功能正常。

4.1.2 系统的安全要求

4.1.2.1 CCAR 25.1309(b)条款

1. 条款原文

"(b) 飞机系统与有关部件的设计,在单独考虑以及与其他系统一同考虑的情况下,必须符合下列规定:

(1) 发生任何妨碍飞机继续安全飞行与着陆的失效状态的概率为极不可能;

(2) 发生任何降低飞机能力或机组处理不利运行条件能力的其他失效状态的概率为不可能。"

2. 条款要求解析

条款要求飞机系统与有关部件的设计,在单独考虑以及与其他系统一同考虑的情况下,发生任何妨碍飞机继续安全飞行与着陆的失效状态的概率为极不可能的,发生任何降低飞机能力或机组处理不利运行条件能力的其他失效状态的概率为不可能的。

3. 符合性方法

鸟撞作为特殊风险,根据飞机特殊风险分析(PRA)的分析结果,筛选出在鸟撞影响区域中可能导致飞机产生灾难性或危险失效情况下的关键系统设备清单。通过鸟撞分析(经验证过的分析方法或试验),表明在鸟撞情况下该关键系统设备不会发生损坏。

4.2 鸟撞审定要素和符合性判定准则

4.2.1 鸟撞审定思路

尽管鸟撞要求在最近二三十年没有进行修订,但一些飞机服役经验和审定案例提示应重新审视鸟撞要求的符合性验证,包括的案例有:1984 年—架 A310 飞机机头遭受鸟撞导致飞行计算机失效;1986 年—架 DHC‐8 飞机风挡遭受鸟撞导致全部电力失效;1989 年—架 A320 飞机驾驶舱顶板遭受鸟撞导致 4 台飞行显示器信息丧失,燃油阀门关闭导致一台发动机停车;甚至 1992 年—架 AN‐124 飞机机头遭受鸟撞导致货舱门失效,飞机失去控制而坠毁;一些鸟撞审定试验表明驾驶舱区域安装的某些系统应考虑鸟撞冲击波的影响。

鸟撞作为一种离散源(针对机体结构)和特殊风险(针对系统和设备),必须在型号合格审定中进行验证,目的是保证飞机遭受鸟撞后能够继续安全飞行和着陆。

(1) 针对所有可能遭受鸟撞的部位,如果鸟撞不会致使结构发生穿透或者导致该部位的零部件缺失,此时为判断遭受鸟撞的飞机是否能继续安全飞行和着陆,还需要进一步考虑以下情况。

a. 鸟撞引起的结构变形对于内部结构部件(如仪表板或电子设备支架)的影响。

b. 鸟撞引起的结构变形对于相关的设备、系统或运行批准性能(可以考虑驾驶员的纠正动作)的影响。

c. 鸟撞引起的冲击对于系统和设备(如顶部仪表板)的影响(通常机载设备按照 RTCA DO‐160 进行鉴定,可通过试验或分析表明鸟撞在设备上引起的冲击不超过设备鉴定时的试验等级)。

d. 鸟撞对驾驶舱内部安装的 HUD 的影响,不致伤害驾驶员(适用时)。

(2) 如果鸟撞致使结构发生穿透或者导致该部位的零部件缺失,此时应当考虑以下情况。

a. 鸟撞致使发生穿透后,对设备和系统的冲击不应当妨碍飞机继续安全飞行和着陆。

b. 除了 CCAR 25.775 条要求鸟撞不能击穿驾驶员正前方的风挡玻璃及其支承结构,将鸟撞引起的风挡玻璃飞散碎片伤害驾驶员的危险减至最小之外,也应当尽量避免鸟撞穿透进入驾驶舱区域,以防止飞行机组的失能或受伤,或者飞行机组工作量的增加致使飞机不能继续安全飞行和着陆。

c. 如果鸟撞穿透飞机头部/雷达罩,应当评估在雷达罩上撞击出的孔洞导致产生的气流/动压对结构的影响。除非可以证明雷达罩的丢失不妨碍继续安全飞行和着陆,否则应当表明雷达罩结构能承受动压导致的额外载荷,雷达罩及其支承结构能继续固定在飞机上。同样该准则这也适用于整流罩。

d. 如果鸟撞穿透增压舱,应当考虑快速释压的影响。

e. 对于翼梢小翼,应当考虑鸟撞导致翼梢小翼完全或部分丧失后,CCAR 25.629(b)(2)规定的气动弹性稳定性包线内不发生气动弹性不稳定性。翼梢小翼的部分或完全丧失应当考虑是发生在明显断裂点,如连接或接头处。对于部分丧失,应当进行参数灵敏度研究,以确定最临界的情况。

f. 如果鸟撞通过前缘和前梁穿透进入燃油箱(如机翼整体油箱或平尾油箱),必须验证火情或其他危险(如导致燃油不平衡或者不能继续正常飞行)不会妨碍飞机继续安全飞行和着陆;如果燃油箱泄漏源的附近或者在气流下游位置有热源(起落架、发动机),则这种泄漏是不可接受的。

g. 应当考虑鸟撞损伤及鸟撞后松脱的碎片对继续安全飞行和着陆的影响,比如考虑内侧缝翼或襟翼上松脱的碎片对尾翼结构产生二次离散源损伤,或者吸入发动机中,以及任何危险的非对称情况。结构设计特征(如多点连接)、工程判断及相关服役经验均可支持该二次离散源损伤的评定。

(3) 服役中预期的环境条件,如温度、内外表面温差和湿度影响到抵御鸟撞的性能时(如对于复合材料结构或风挡),必须考虑环境条件的影响。必须保证带有鸟撞损伤的飞机结构的完整性,能够承受飞行中可合理预期出现的静载荷(作为极限载荷考虑),而且在鸟撞事故发生后,必须表明飞机在 25.629(b)(2)规定的气动弹性稳定性包线内不会发生气动弹性的不稳定性。

(4) 鸟撞作为一种特殊风险,必须考虑鸟撞对关键系统和设备(如控制系统部件和电气设备)安装的影响,如果可能,这些系统和设备不要安装在可能遭受鸟撞部位的正后方,以保证飞机遭受鸟撞后,飞机的操纵系统仍然具有可操纵性,飞机能够继续受控飞行和着陆,虽然可能会采用应急程序,且通常伴随有飞行机组工作量的增大和飞行品质的下降,但不需要飞行机组额外的驾驶技巧或体力。

综合上述鸟撞审定思路,在进行符合性验证时,符合性规划通常如下。

以机头为例,在规划机头鸟撞符合性验证时,首先根据工程评估对机头区域进行多位置点的鸟撞仿真分析,获得这些位置点的损伤程度等仿真分析结果,结合系统安全性初步评估有关结论和剩余强度初步分析及其他因素,确定合适的若干鸟撞试验点。针对这些确定的鸟撞试验点进行规章规定的鸟撞试验,获得试验的有关应变、损伤和高速摄像等信息,从而验证鸟撞仿真分析模型。通过经试验验证的鸟撞分析模型,获得其他未经试验验证的鸟撞位置在鸟撞后的响应,通过鸟撞特殊风险分析和系统安全性分析,以及结构剩余强度评估,最终确认鸟撞要求的符合性。

在开展系统安全性分析和结构剩余强度评估过程中,将会充分考虑驾驶员在出现鸟撞事故后采取的纠正动作,诸如限制机动、避开紊流以及降低速度等限制措施,保证损伤后的结构能承受飞行中可合理预期出现的静载荷(作为极限载荷考虑)。必要时还需要进行损伤容限的影响评估。

对于机翼、尾翼、短舱和吊挂、起落架结构来说验证规划也是如此。通常,按照常规的设计,机翼前梁作为主要承力构件和机翼油箱的前边界,需要重点关注前梁的损伤。对于尾翼,重要操纵系统一般位于后梁后部,因此通常会重点关注尾翼后梁的损伤。

4.2.2　鸟撞部位确定

飞机可能遭受鸟撞的所有部位,不管位于增压区还是非增压区,不管是主承力构件还是次承力构件,都需要考虑鸟撞的影响,在确定鸟撞部位时还应该考虑飞机飞行中攻角的影响。通常需要考虑的鸟撞部位如下:

(1) 风挡玻璃及其支承结构(包括立柱);

(2) 驾驶舱顶部(风挡上部);

(3) 仪表板区域(风挡下部和周围区域);

(4) 雷达罩区域;

(5) 前增压框;

(6) 前增压框后部区域;

(7) 机翼前缘(如缝翼),机翼后缘(如襟翼);

(8) 翼梢小翼;

(9) 发动机短舱唇口和吊挂(发动机需满足 CCAR - 33 相关要求);

(10) 放下状态的起落架及起落架舱门;

(11) 平尾和垂尾;

(12) 外部安装器件(如空速管、天线等);

(13) 整流罩(如翼身整流罩)。

如果在整流罩后部安置有飞机继续安全飞行和着陆所需要的关键系统,这些部位需要考虑鸟撞要求。此外,如果至少一个翼梢小翼在飞行中丢失或者受到损失,需要进行评定不会发生颤振。某型飞机为例,该飞机鸟撞设计符合性验证的部位主要包括机头(雷达罩前端框、机头壁板、风挡及其支承结构、外表面凸起物、空速管)、机翼(缝翼、前缘、襟翼、翼梢小翼、翼身整流罩、扰流板和副翼)、尾翼(平尾前缘、升降舵、垂尾前缘、方向舵)、短舱及吊挂和起落架五个部分,如图4.2 所示。

鸟撞时飞机的速度(鸟沿飞机飞行航迹)可以不取 CCAR 25.571(e)规定的海平面设计巡航速度 V_C 或 2 450 m(8 000 ft)0.85V_C(两者中的较严重者),而是基于实际情况确定最大的飞机速度,比如对于高升力装置(襟翼和缝翼)遭受鸟撞时,飞机速度可以取 CCAR 25.335(e)规定的设计襟翼速度 V_F;对于起落架遭受鸟撞时,飞机速度可以取 CCAR 25.1515 条规定的起落架收放速度 V_{LO} 或起落架伸态速度 V_{LE}(两者中的较严重者)。

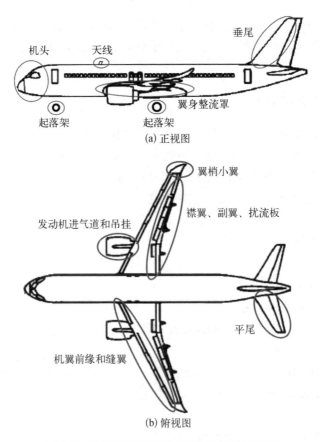

图 4.2　飞机鸟撞设计符合性验证部位示意图

4.2.3　鸟撞符合性验证试验

鸟撞符合性验证试验是表明鸟撞相关要求的主要符合性方法,典型鸟撞试验包括但不限于以下试验:

(1) 风挡鸟撞试验;

(2) 机头鸟撞试验;

(3) 机翼前缘鸟撞试验;

(4) 平尾和垂尾前缘鸟撞试验。

试验前申请人应按照《型号合格审定程序》(AP－21－AA－2022－11)中第 3.13.1 节工程验证试验的要求编制试验大纲并得到审查方批准。

以风挡鸟撞试验为例,试验大纲审查主要关注但不限于关注以下方面。

(1) 试验条款为 CCAR 25.775(b)、(c)。

(2) 试验件为真实风挡,并应包括其真实周边支持(如机头结构),风挡应按照型号设计的真实安装方式进行安装。

（3）试验标准通常可参见 ASTM－F330，其中包括对鸟弹制作，质量公差等方面的指导。

（4）试验需要同时考虑 CCAR 25.775（d）条款中温度和温差联合作用的影响。

（5）试验状态选取。取决于该玻璃的具体性能（对于不同玻璃有不同的性能，具体可参见 FAA AC 25.775－1）。以某机型风挡为例，其状态选取为：加温状态下最不利的情况是对玻璃中心的撞击，因为此时玻璃中心部位变形量最大；冷却状态下最不利情况是对玻璃拐角处的撞击，因为此时拐角部位挠度最小。在玻璃的各拐角中，与鸟运动路径所形成的角度最大的拐角是最危险的区域，同时位于上部的拐角部位通常比下部的更严重一些。

具体状态的选取需要结合研发数据、材料性能以及经验来确定。不同的型号设计，在试验选点上会有所不同，甚至比上述提到的两点更多，应基于具体型号设计进行判定。

在考虑温差情况下，对拐角处的撞击是玻璃外表面温度低（模拟高空风挡加温功能失效时的温度），内部空气温度按照正常舱内温度（通常为 20℃左右）；对玻璃中心位置的撞击是玻璃外表面温度高（模拟飞行中可达到的最高温度），内部空气温度按照正常舱内温度。

公差方面通常可以为：温度公差为±5℃，撞击点位置公差为±25 mm（1 in）。

在玻璃内外表面温度方面，采用的方式可以是利用电加热毯覆盖在窗户外表面对玻璃加温，以获得试验所需的温度；采用制冷箱盖在玻璃窗外表面上，通过控制注入液氮调整箱内的温度，对玻璃进行降温。

在发射鸟弹前将加温或降温设施迅速从窗户上移开。

（6）试验通常采用气炮等方式将制作好的鸟弹发射出去，通过测速屏测量鸟弹速度。

（7）试验成功判据：对于风挡透明件，撞击后不能穿透伤害到飞行员，也不允许发生碎片飞溅，通常内层玻璃不允许穿透。结构应具有一定的承载能力，确保飞机的继续安全飞行和着陆，通常两个结构层中至少有一层要保持完整。若采用可承载式风挡，更应该考虑撞击后的风挡仍然保持合适的承载能力，确保飞机的继续安全飞行和着陆。

试验中为考虑风挡玻璃、支承结构、相应紧固件，以及鸟肉飞溅情况的判定，推荐在驾驶舱内设置驾驶员座椅和假人，考察是否会对飞行员造成影响。

（8）如果具备条件，可设置高速录像，以对撞击的瞬态特征进行了解，为相应的判定提供更详细的信息。

试验应按照《型号合格审定程序》（AP－21－AA－2022－11）进行试验件和试

验前的制造符合性检查,审查可能产生的偏离,确定对试验结果的影响。试验完成后,申请人应编制相应的试验报告提交审批。

目前在鸟撞符合性试验中,已经尝试开始在鸟撞试验中采用凝胶替代品(GS)代替活杀鸡或者鹅,或者直接通过有限元分析[如光滑粒子动力学(SPH)方法]代替鸟撞试验。

4.2.4 鸟撞符合性分析

工程分析是表明符合性工作的一种手段,包含分析手段涉及的所有方面,如教科书里的公式、计算机的运算法则、计算机建模/模拟或结构化的评估。按照《型号合格审定程序》(AP-21-AA-2022-11)第3.13.3节的要求,通常审查方只批准分析的结果数据而不批准分析用的手段,审查方也没有一个关于可接受的分析手段、经批准的计算机代码或标准公式的清单。使用先进的分析技术不足以保证分析结果的有效性,因此,申请人必须表明数据是有效的。审查方在审查工程分析时,要负责检查确认数据的准确性、适用性以及所做的分析未违背原问题的假设条件。同理,审查方对鸟撞分析也持类似的立场。

如果采用分析来表明鸟撞相关要求的符合性,该分析必须是试验证据支持的分析。因此,此时将涉及对分析方法的认可,确认分析和试验具有很好的相关性。

在分析和试验相关性方面,接受准则需要考虑:

(1)相关性的时间历程(如载荷、变位、失效等);

(2)可采用的试验结果包括应变片/加速度计的数据、高速摄像、光学测量数据等,这些数据需要有足够的取样率以及数据的过滤;

(3)试验仪器应能确保采集的数据是适合使用的;

(4)相关性分析应针对完整的设计空间,而不是仅对部分"点"而言是相关的。

在进行分析建模时,需要考虑的因素以及需要进行敏感度分析的因素至少包括:

(1)结构阻尼;

(2)部件之间的摩擦;

(3)材料性能和材料失效准则;

(4)连接区域的理想化处理及连接的失效准则;

(5)刚度;

(6)应变率敏感度;

(7)鸟体模型。

其他建模需考虑因素:

(1)单元形式;

(2)边界条件;

（3）零组件界面；

（4）尺寸放大/缩比效应。

对于如何进行分析的认可，可以参见 AC 20 - 146 中的相关部分。

最终，需要采用分析报告来表明符合性，此时该分析报告应当至少包括以下内容。

（1）表明使用规章符合性所采用的方法的描述。

（2）分析方法的描述（包括所有计算机分析模型/方法）。

（3）所有分析认可的描述和数据。

（4）采用计算机建模工具的描述。

（5）所有假设和支持性证据。

（6）用于描述模型输入特征的敏感度分析/评估的资料。

（7）所用材料、材料性能以及支持材料性能适用性的参考性数据和支持性资料的描述（如材料失效准则的来源）。

（8）分析模型的详细描述。包括假设、约束和边界条件，载荷和载荷工况，单元形式，所有分析控制参数，所有模型输入参数和支持性参考数据或证据（包括但不限于结构阻尼，部件之间摩擦，材料能量吸收特性，材料失效准则，应变率准则，连接的模拟/理想化处理，连接失效准则等），模型计算过程参数和证据，模型接受性准则。

（9）分析结果。包括模型输出、数据过滤（过滤形式和支持性证据）、失效连接/紧固件和单元的识别、分析预测值和试验数据之间差异的识别，以及对该差异的证据/解决措施、设计空间相关的讨论（使用时，如速度范围，不同冲击位置，攻角等）。

虽然如此，在进行鸟撞分析的审查时，仍然存在不少的挑战。例如，采用复杂有限元分析越来越广泛使用，对申请人和审查方都是一种挑战。

4.2.5　鸟撞对系统影响的考虑

系统专业在进行系统安全性分析时，往往需要进行共因分析（CCA），CCA 又可细分为区域安全性分析（ZSA）、特殊风险分析（PRA）和共模分析（CMA）。

对于特殊风险分析，特殊风险定义为所考虑的系统或产品之外，但可能违反失效独立性要求的事件或效应。鸟撞作为一种典型的特殊风险，对于受影响的系统，需要考虑对 CCAR 25.1309（b）条款的符合性。

以下是 SAE ARP 4761 中关于 PRA 的一般流程。

通常，对鸟撞进行 PRA，其主要是定性分析并按下列内容进行实施：

（1）定义特殊风险的分析细节（此处特指鸟撞）；

（2）定义分析应用的失效模型；

（3）列出需满足要求的清单（如 CCAR 25.571 和 CCAR 25.631 等）；

（4）定义受影响的区域（如驾驶舱顶部仪表板、雷达罩区域、机翼前缘、翼身整流罩、起落架、平尾和垂尾前缘区域等）；

（5）定义受影响的系统/组件（取决于飞机该区域的具体设计，例如驾驶舱需要考虑的顶部仪表板，平尾或垂尾的操纵系统，机翼前缘的防冰管路等）；

（6）定义所采取的设计和安装预防措施（如对系统进行抗鸟撞的保护）；

（7）评审特定风险对受影响组件的后果；

（8）评审该特定风险由于组件失效模式或其他组合对飞机产生的影响；

（9）确定该后果是否可接受，如果不可接受，则需要进行设计更改。

最终，若需要确定对某些系统进行抗鸟撞保护，则参见试验/分析部分的指导确保对该系统进行的抗鸟撞保护是充分的。

EASA 的 AMC 25.631 中指出：应当在设计的早期对重要系统开展鸟撞失效评估分析工作，这类设备不应直接安装在易受鸟撞的区域或部位，对于必须安装在这些区域或部位的系统，应采取物理隔离的方式来防止单个鸟撞造成冗余系统的失效，或者采用保护措施或者改变鸟撞路径等可能的经验证的方式将鸟撞的危害降至最低。

因此，首先需要确定鸟撞损伤的安全要求。不能导致燃油泄漏产生的任何火灾、危险性的飞机操纵能力的丧失等严重影响飞机继续安全飞行和着陆。飞机性能的轻微下降是可以接受的，例如，辅助飞行操纵系统丧失。同时，结合 CCAR 25.571(e)提到的必须考虑驾驶员在出现事故后采取的纠正动作，诸如限制机动，避开紊流以及降低速度，并且可以结合 CCAR 25.671 等的要求保证飞行员不需要特殊的驾驶技巧或体力，飞机仍能继续安全飞行和着陆。

其次，分析鸟撞对系统的影响。不仅要分析鸟撞的直接影响，对系统更要分析间接影响。例如，鸟撞导致的变形、振动、冲击等对系统的影响，鸟撞导致的电液线路对起落架的影响等。可能对相关系统产生严重影响的部位有尾翼前缘、机翼前缘和驾驶舱顶板区域。平尾前缘后部的前梁后往往布置关键的操纵系统，故此前梁是抗鸟撞的关键"底线"。机翼前缘后部也往往布置有诸如防冰管等系统，如果防冰管失效影响防冰性能，则需要在飞行操纵上进行限制，比如下降高度、飞离易结冰区等。对于驾驶舱顶板区域，应重点考虑振动、冲击对系统的影响，在设计上可以采用减震措施避免该区域关键的系统部件失效。

当理论上无法获取充分的证据时，应通过试验的方式来确认减缓或保护措施的有效性。

4.2.6 鸟撞对驾驶员安全的考虑

CCAR 25.775(b)明确要求驾驶员正前方的风挡玻璃及其支承结构必须经受

住鸟撞而不被击穿,这是鸟撞情况下对驾驶员安全的保护。另外,即使鸟撞没有穿透风挡,如果风挡内层玻璃在冲击波的作用下全部或者部分破碎,进而产生碎片也是不可接受的。因此,CCAR 25.775(a)中明确内层玻璃必须用非破碎性材料制成,从而避免在鸟撞等任何情况下,带有尖角的小碎片或者风挡产生尖角对驾驶员安全产生影响。

此外,在进行机头区域鸟撞验证时,也需要避免鸟撞击穿结构从而导致有鸟体进行驾驶舱区域,致使驾驶员失能或者受伤,或者增加机组工作负担进而影响操纵飞机继续安全飞行和着陆。

当前平视显示器(HUD)在驾驶员的应用更加的广泛,HUD 由投影仪(projector unit)、组合仪(combiner unit)等组件构成。在鸟撞验证中也必须保证当鸟撞击投影仪在机头的连接区域,或者鸟撞导致的结构变形影响到组合仪时,组合仪可能发生偏转(沿着其转轴)或脱离,从而撞击驾驶员的头部,造成驾驶员的钝器创伤或者撕裂,在影响驾驶员安全的同时也影响操纵飞机继续安全飞行和着陆。当缺失充分分析证据时,需要开展试验,确保 HUD 在鸟撞情况下不会触碰到驾驶员,或者即使触碰,可以参考 *Facial Laceration Measurements*(SAE 860198)来确认受伤的严重程度及可接受性。

4.2.7 鸟撞对新材料新设计的考虑

1)承载式风挡

承载式风挡和常规的非承载式风挡相比,在风挡本体的鸟撞审定上无明显差异,然而由于承载式风挡参与了全机尤其是机头结构的承载,在考虑风挡遭受鸟撞后的机体结构(主要是机头结构)的剩余强度会有所不同。必要时,应根据损伤后的风挡来确定其承载能力,进而确定机头结构满足相应的剩余强度要求。

2)复合材料结构

应按照 AC-20-107B 等指导材料开展复合材料抗鸟撞冲击的相关试验和分析。环境影响、材料和工艺变异性、预加载等因素应予以考虑。

3)大型卫通天线

需要考虑 CCAR 25.571(e)(1)条款鸟撞要求,并通过试验或试验支持的分析表明符合性。为确定机身安装的大天线等改装是否"暴露"于鸟撞威胁,而没有被机身前部结构所遮挡,可假定如下状态:

(1)飞机 1g 平飞(升力等于重力的平飞);

(2)襟翼上偏直到 V_C 的任何空速和襟翼下偏直到 V_F 的任何空速;

(3)海平面到 2 450 m(8 000 ft)的任何高度;

(4)重量平衡手册中可以达到任何重量重心情况;

(5)稳定平飞及任何合理的下降和爬升速率;

（6）任何襟翼调定和任何合理的水平安定面调定；

（7）不需要考虑侧滑、机动及阵风情况。

4.3 鸟撞试验技术

4.3.1 鸟撞试验系统

鸟撞试验系统主要由鸟体发射系统（空气炮试验装置）、加载系统及信号处理采集系统组成。鸟体速度由气罐压力大小来控制，试验前需将鸟体速度与压力大小进行标定。试验开始后压气机压缩气体向高压气室充气，当高压气室内的气压到达发射气压时停止充气；按下发射按钮，鸟弹从炮管被气压压出，发射至试样靶板上。同时，测量系统开始测量参数，激光测速系统测量鸟弹冲击速度，应变片测量靶板背面部分点的应变，位移传感器测量部分点的位移信号，压力传感器测量部分点的接触力信号。

4.3.1.1 空气炮试验装置

鸟撞验证试验一般均采用空气炮法，其试验技术原理为：将规定质量的鸟弹放入弹壳，装进空气炮管中，启动空气压缩机，当压力容器中的压力达到所需值时，打开空气释放机构，在压缩空气的作用下，将鸟弹发射并在炮口处由弹壳剥离装置将弹壳剥离，仅将鸟弹射出，通过测速装置，按预定的速度和方向撞击试验件的特定部位。压缩空气炮结构原理如图 4.3 所示[2]。

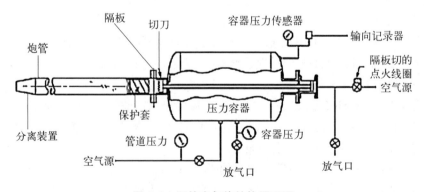

图 4.3 压缩空气炮结构原理图

在图 4.3 所示的压缩空气炮组成结构中，压力容器用于存放压缩空气，一门能推进 4 lb（1.8 kg）重的鸟以 650 kn（334 m/s）的出口速度射出的空气炮，应具有

60 ft(18.3 m)长、6 in(153 mm)口径的炮管和 30 ft³(0.849 m³)、250 psi(1.725×10⁶ Pa)允许工作压力的压力容器。释放机构由点火线圈、隔板和切刀组成,按发射开始时,释放机构能让贮存在压力容器中的压缩空气快速流入炮管,推进射弹。最常用的释放机构中放置一块或两块隔板。炮管(发射管)是一根内壁光滑的管子,引导从压力容器中出来的膨胀空气推动和加速包装鸟和保护套(如果采用保护套的话)。炮管的口径和长度可依据所采用的最大射弹大小和对空气炮的全面性能要求选定;保护套分离装置可安装在发射管的端头,保护套分离器的目的是使保护套制动及偏离,而仅允许包装鸟去撞击试验件。

根据发射的鸟体大小和撞击速度不同,设置不同炮管直径和长度及压气室容积和最大压力的空气炮系统,以满足不同抗鸟撞试验要求,小直径空气炮系统还可以进行材料动态性能测试试验。不同管径和压力容器的空气炮试验装置如图 4.4 所示,分别可以以 200 m/s 速度发射 1 kg 鸟体和以 300 m/s 速度发射 3.6 kg 鸟体。

(a) 炮管直径30 mm　　　　　　　　　　(b) 炮管直径77.6 mm

图 4.4　空气炮试验装置

4.3.1.2　试验测量系统

试验过程中主要测量鸟体速度、被撞试验件的应变、位移、接触力、残余变形量以及动态撞击过程,空气炮试验系统整体组成如图 4.5 所示。

1. 速度测量

速度测量系统必不可少的特性是准确性和重复性,对与射弹一起射出的小块物件不触发,同时也不会改变弹射的飞行途径或损伤射弹。速度测量系统是在炮管和试样间设立计时点,计时的依据是射弹使机械连接的导线网断开或用光束中断。由于时间测量点间的距离已知,由此即可计算速度。高速激光测速法如图 4.6 所示。测速系统使用两个激光发射器与两个激光接收器,两束激光之间的距

离为 d,计算鸟体飞过两束激光之间的时间差 Δt,即可得到鸟体速度 v,即 $v = d/\Delta t$。速度测量系统的精度应该控制在±2%以内;同时,激光测速系统还为高速摄像机、力传感器提供触发信号,当鸟体飞过第一束激光时,高速摄像机以及力传感器开始记录数据。在正式开始试验前,须进行发射速度的校准。

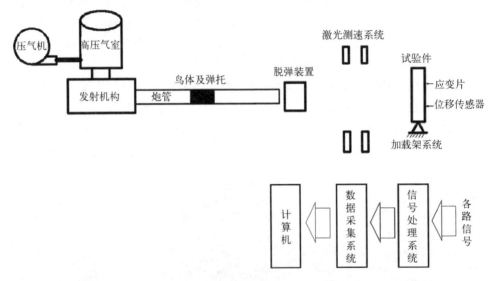

图 4.5　空气炮试验系统组成图

图 4.6　激光测速系统

2. 应变测量

根据靶材性能和尺寸大小选择阻值合适的应变片(如 350 Ω),每个应变片采用 1/4 桥接法,通过应变仪输出到数据采集系统,采用统一的外触法方式同步采集,应变测量位置布局如图 4.7 所示。

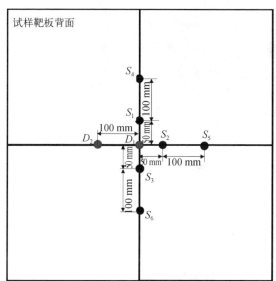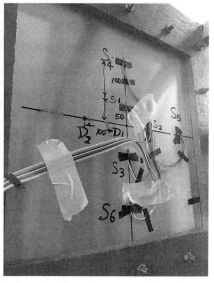

图 4.7　应变及位移测量点布置示意图

3. 位移测量

采用激光位移传感器进行测量,采用回波分析原理来测量距离,应变测量位置布局如图 4.7 所示。

4. 接触力测量

根据接触力估测范围选用量程合适的传感器(如量程为 5t 的轮辐式传感器),通过压力传感器测量刚性支座与靶板固定夹具之间的反支力作为冲击接触力间接测量值。压力传感器实物及其与试验夹具和试验件装配示意图见图 4.8。通过超动态应变仪将力传感器测量的压力信号放大,并标定接触力与压力信号之间的关系。

5. 高速摄像

至少有一台高速摄像机记录鸟撞目标的全过程,在有条件的情况下可以安装三台高速摄像机对试验过程进行测速监控,第一台高速摄像机记录鸟撞区域的变形破坏过程,第二台高速摄像机记录整个试验件的变形情况,第三台高速摄像机垂直于鸟体飞行方向,监控激光测速区域进行辅助测速。三台高速摄像机的具体布置示意图见图 4.9,摄像机的照明条件和控制仪器应能在撞击时使摄像机调整到

图 4.8 压力传感器实物及其装配示意图

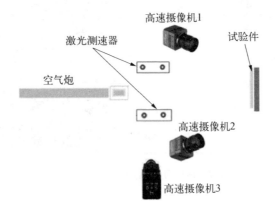

图 4.9 高速摄像机位置布置示意图

每秒最小拍摄帧幅数,即

$$F = 1\,000 + 5V \quad 或 \quad F = 2\,000 + 1.53v \qquad (4.1)$$

式中,F 为曝光速度(幅/s);V 为射弹速度(ft/s);v 为射弹速度(m/s)。鸟撞速度最小为 100 ft/s,对应的精度至少为 1%,以便验证在撞击期间摄像机的曝光速度。表 4.1 为摄像机曝光速度与撞击速度的对照表。

表 4.1 摄像机曝光速度与撞击速度的对照表

撞击速度 $V/(\text{ft/s})$	撞击速度 $v/(\text{m/s})$	曝光速度 $F/(\text{ft/s})$	撞击速度 $V/(\text{ft/s})$	撞击速度 $v/(\text{m/s})$	曝光速度 $F/(\text{ft/s})$
100	30.5	1 500	300	91.4	2 500
200	61.0	2 000	400	122.0	3 000

续　表

撞击速度 V/(ft/s)	撞击速度 v/(m/s)	曝光速度 F/(ft/s)	撞击速度 V/(ft/s)	撞击速度 v/(m/s)	曝光速度 F/(ft/s)
500	152.0	3 500	900	274.0	5 500
600	183.0	4 000	1 000	305.0	6 000
700	213.0	4 500	1 100	335.0	6 500
800	244.0	5 000	1 200	366.0	7 000

4.3.2　鸟弹制作

由于环境保护与动物保护规定,一般均会采用相似质量的家禽代替飞鸟进行鸟撞试验。活鸡鸟弹要求家禽必须为窒息死亡,不可使用宰杀等其他方法,避免活鸡血液缺失。同时鸟弹制作后需立即使用,避免鸡死亡后尸体变硬而导致试验误差。鸟弹制作已有一套较为成熟的制作流程,具体程序如下。

(1) 称量无纺布包裹袋质量、记录。

(2) 对活鸡进行称重、记录。

(3) 宰杀活鸡(窒息法)。

(4) 将宰杀的活鸡去除多余质量称重、记录,当必须减少鸟体质量时,只能将鸟体端部部位(翅膀或者两腿)减掉,鸟体质量变化不超过鸟体原重的 10%,标准弹射质量如表 4.2 所示[2]。

表 4.2　标准鸟体弹射质量

W_S^A	W_{NB}^B	W_A^C	W_P^D
2.00±0.063 lb (0.91±0.028 kg)	2 lb (0.091 kg)	0.20 lb (0.09 kg)	0.20 lb (0.09 kg)
4.00±0.125 lb (1.81±0.057 kg)	4 lb (1.81 kg)	0.4 lb (0.18 kg)	0.4 lb (0.18 kg)
8.00±0.250 lb (3.63±0.113 kg)	8 lb (3.63 kg)	0.8 lb (0.36 kg)	0.8 lb (0.36 kg)

注: W_S^A 为弹射质量(包括鸟及其包装);W_{NB}^B 为标称鸟重;W_A^C 为对鸟增重或减重的最大允许质量;W_P^D 为鸟包装的最大允许质量。

(5) 将已去除多余重量的鸡和包裹物一起称重、记录。

(6) 将鸡头朝下放入事先准备好的无纺布包裹袋,扎紧袋口,如图 4.10 所示。

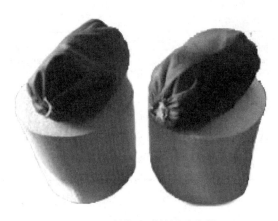

图 4.10 制作完成的活鸡鸟弹

鸟体包装质量不应超过整个射弹质量的 10%, 如表 4.2 所示[2]。

(7) 称重、记录制作完成的鸟弹。

(8) 将鸟弹袋口方向朝下装入泡沫弹托中。

(9) 清理鸟弹制作现场。

4.3.3 试验程序

4.3.3.1 试验件安装

试验件按产品入射角安装,应保持原设计的刚度水平。按飞机装配工艺通过高强度螺栓将飞机试验件与压板连接安装在试验夹具上,然后将夹具与试验台架连接。夹具的主要作用是保证撞击角度及撞击点的移动,并应有坚固的下系紧点。某型运输类飞机垂尾结构试验件安装如图 4.11 所示,试验件安装时,下底面为水平状态,撞击角度为 90°正撞。

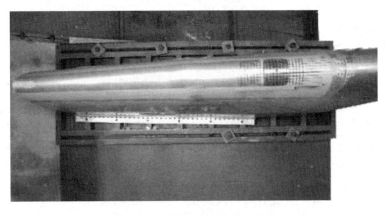

图 4.11 垂尾结构试验件安装图

4.3.3.2　试验调试

采用规定的鸟弹,撞击鸟弹收集器进行系统调试,以得到规定速度所需的设定压力,并调试测量系统、高速摄像系统。完成调试后,按照调试得到的主气罐设定压力进行一次预试,保证鸟撞击速度在可接受的变化范围内,同时保证测量系统、高速摄像系统工作正常。

4.3.3.3　正式试验

正式试验阶段,按照《鸟弹冲击试验大纲》要求进行鸟撞试验,并对鸟撞前后的试验件结构变形、破损情况进行仔细的目视检查并照相加以记录。试验程序如下。

(1) 对试验件撞击前状态进行拍照,在预定撞击点位置及周边区域,标记目标撞击点和网格,但不能对试验件造成损伤。

(2) 调节试验场所环境温度,并进行试验件的调温工作,确保试验件稳定在所要求的试验温度下。

(3) 严格按照《鸟弹制作作业指导书》进行鸟弹制作、检验并装填到炮管,详见附表 A。

(4) 根据调试/预试时的设定压力值输入主气罐设定压力,按下进气按钮对主气罐充气;按下"发射室加压"按钮给发射室加压;检查各个部分就绪后按下"发射"按钮,发射鸟弹。

(5) 各测量设备操作员及高速摄像操作人员保存数据。

(6) 现场拍照。

(7) 清理现场。

(8) 对清理后的试验件再次进行拍照。

(9) 检查试验件结构的变形、破损情况,对考核部位进行详细目视检查并记录。

4.3.3.4　试验报告要求

试验完成后,需要撰写试验报告,并附原始试验数据、处理后的数据以及试验照片等。试验报告应包含以下内容。

(1) 试验名称、时间、地点、目的和依据。

(2) 试验件及其支持方式,包括试验件名称、数量、来源、制造出厂编号、边缘连接和装夹方式,说明连接和安装符合或不符合要求的具体内容。

(3) 试验件考核部位,包括预定撞击位置、角度。如果需要在一块试验件上进行第二次和第三次撞击时,应记录试验件及其支承结构以及撞击试验的历史。

(4) 试验环境条件,包括试验期间、试验场地的环境温度和相对湿度。

(5) 鸟弹制作情况,包括弹体质量和对弹体增减质量的处理,弹体包装材料的质量、弹体质量、弹体长度和直径,详见附表 B。

（6）试验设备调试加载，包括空气炮系统、各类传感器、高速摄像机、信号处理器等仪器设备及其精度说明、标定情况和测量方法。

（7）试验过程及程序。

（8）试验中出现的试验现象。

（9）试验测量项目，包括预定及实测速度、应变、位移、接触力、撞击点标定位置和动态撞击过程（或典型瞬时撞击状态）。

（10）试验检查结果，包括实际弹着点和损伤尺寸、损伤形式等。

（11）测量数据及数据处理方法及处理结果。

（12）试验现场处理的质疑单、技术单，包括所有偏离试验程序的行为。

（13）试验结论。

（14）试验单位及其资质、试验日期及试验人员。

此外，试验承担方应同时提供重要原始记录以及照片、高速摄影设备录制的鸟撞试验过程的完整录像（光盘）。

4.3.3.5　质量控制及适航符合性审查

质量控制包括以下措施。

（1）严格按照试验大纲及内部操作规程要求进行试验。

（2）从试验件安装到试验完成，试验过程的每一步都要做记录。

（3）试验前应进行试射，以确保鸟撞击试验件时的速度尽可能接近预定冲击速度。

（4）鸟的中心应撞击到与射弹轨迹相垂直的发射目标点上，误差范围不超过半径为 1 in（25.4 mm）区域，空气炮口与撞击目标点的距离须在 10 倍炮管直径以上。

（5）试验过程中应采用高速摄像设备记录鸟撞过程，并用普通摄像设备拍摄试验前后的试验件照片。

（6）严格控制试验鸟体质量，试验用鸟体采用窒息法致死，以保证试验时不会出现鸟血大量外漏，并同时保证包裹后的鸟体与实际鸟体硬度相当。试验用人工弹体时，严实包裹明胶弹体以保证不会出现爆裂。

（7）试验设备、试验人员和试验过程都应得到客户认可。

（8）试验设备要求：称重设备精度≤1 g；试验件安装角精度为 0.1°；速度测量精度为 0.1 m/s。图 4.9 中的某型运输类飞机尾翼结构鸟撞试验高速摄像时不低于 1 024×1 024 分辨率和 5 000 帧幅/s 以上拍摄频率。

如果鸟撞试验是适航符合性验证试验，适航符合性审查内容包括：

（1）对鸟撞试验大纲进行批准；

（2）对试验件进行制造符合性检查；

（3）进行试验前制造符合性检查，包括检查试验件及其安装、试验设备是否符合试验大纲要求，详见附表 C；

（4）审查代表试验目击,判断试验的有效性。对试验后的试验件进行目视检查和拍摄有关照片,详见附表 D;

（5）对试验报告进行批准。

4.4　鸟撞数值分析方法

4.4.1　经验公式法

经验公式法总体偏保守,假设在鸟撞飞机结构的过程中,鸟始终保持一个完整的鸟体,而这实际上是不可能的。相反,如果认为鸟撞击飞机结构后完全变成碎末飞散,不会发生继续撞击则是不可接受的,也是不符合实际的。本书介绍一种鸟撞飞机结构的经验公式法。

4.4.1.1　基于能量法的鸟撞穿透经验公式

C. W. Underwood 在 1969 年费城举办的第九届年度飞机和推进系统会议上的文章 *Aircraft structural design considerations in relation to bird impact damage* 提出了基于能量法的鸟撞穿透经验公式[3],该论文在 1970 年国际民航组织适航委员会第九次会议上得到了引用,其思路是基于能量法认为鸟在撞击飞机过程中,其动能穿过蒙皮、梁和腹板不断消耗,直至这个动能完全耗尽。上述方法较为偏保守,认为鸟体在撞击结构的过程中始终保持一个完整的鸟体,实际是不可能的。

此经验公式的关键在于用经验公式计算出穿透物体所需的速度,需要分析计算考虑的因素主要包括材料、结构外形（平面和曲面、曲率的影响）以及鸟撞击方向（撞击角度）等。

对于平板:

$$V_{\mathrm{p}} = \frac{5\,200t}{\sqrt[3]{W}\,(\cos\alpha)} \tag{4.2}$$

对于弯曲表面:

$$V_{\mathrm{p}} = \frac{285t}{\sqrt[3]{W}\,(\cos\alpha)^{0.7}}\left(\frac{18.3}{\sqrt[5]{r}} + \frac{1}{r^3}\right) \tag{4.3}$$

式（4.2）、式（4.3）中,V_{p} 为穿透速度（mile①/h）;t 为蒙皮厚度（in）;W 为鸟的质量（lb）;α 为撞击角（°）,撞击轨迹与平板法线夹角（平板）或者机翼后掠角（曲

———————————

① 1 mile = 1.609 344 km。

板);r 为前缘半径(in)。

穿透所需的动能(消耗的能量)为

$$U_p = 1/2mV_p^2 \qquad (4.4)$$

剩余能量为 $U_R = U_{initial} - U_p$(初始动能减去穿透所消耗的动能),则穿透第一层结构后的剩余速度可以由剩余能量来确定,从而计算第二层结构穿透情况,以此类推。

4.4.1.2 基于经验公式的鸟撞平尾案例

以某飞机平尾为例,应用上述经验公式法对 8 lb 鸟撞击穿过前缘、辅助梁、前梁及翼肋的能量衰减过程进行计算。尾翼结构细节及鸟撞路径如图 4.12 所示,案例计算结果如表 4.3 所示。当鸟体穿透后扭力盒翼肋后,因剩余动能不足以继续穿透后梁腹板而使得撞击停止。

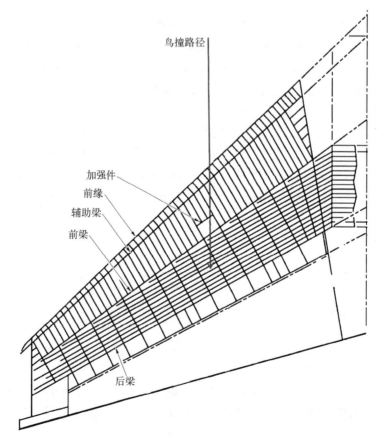

鸟撞路径

加强件

前缘

辅助梁

前梁

后梁

图 4.12 某型运输类飞机平尾遭遇鸟撞路径图

表 4.3　基于能量法的 8 lb 鸟撞击某型运输类飞机平尾穿透过程计算案例

撞击的构件	t/in	α/(°)	V_{p}/kn	需消耗能量/J×10³	剩余能量/J×10³	剩余速度/kn	累计消耗能量百分比/%
撞击前	—	—	—	0	58.644	350	0
前缘蒙皮 (r=2.0 in)	0.050	43.0	124	7.343	51.301	327	12.5
前缘翼肋	0.040	47.0	133	8.424	42.877	299	26.9
辅助梁腹板	0.045	41.8	136	8.887	33.990	266	42.1
前扭力盒翼肋	0.025	59.0	110	5.796	28.194	239	52.0
前扭力盒翼肋	0.025	59.0	110	5.796	22.398	210	61.9
前扭力盒翼肋	0.025	59.0	110	5.796	16.602	175	71.8
前扭力盒加强肋	0.025	35.8	69	2.287	14.315	160	75.7
后扭力盒翼肋	0.025	59.0	110	5.796	8.519	109	85.6
后扭力盒翼肋	0.025	59.0	110	5.796	2.723	75	95.5
后梁腹板	0.075	29.0	194	18.082	0①	0	100.0

　　① 撞击在后梁上的剩余能量不足以穿透腹板,因此后梁和后扭力盒保持完整,在后梁后面的升降舵操作系统可以正常操作。

4.4.2　仿真分析法

4.4.2.1　SPH 鸟体数模

　　光滑粒子动力学(SPH)方法的核心是构造基于插值函数的形函数,通过部分或彻底取消网格的方法,使其在进行数值计算时可以有效解决各种传统有限元网格在处理大变形和高速冲击等问题时常常出现的不连续以及过度变形等问题[4],在经典流体力学、高速冲击仿真等研究问题中广泛使用。在 SPH 方法中,任何宏观变量(如速度、压力、密度、能量等)都能通过将一系列无序质点上的值表示成积分插值的形式进而计算得到。从理论上来说,对于任何粒子,它的连续函数的值或导数都能够通过其附近粒子的已知值得到。Lacome 提出的邻近粒子搜索的分析方法解决了哪个粒子会与其邻近的粒子产生相互作用的问题[5]。由于鸟体在高速冲击作用下具有显著流体特征,因此通常使用 SPH 方法建立鸟体的有限元模型。目前相关研究者对于仿真鸟体形状的选取主要集中在如图 4.13 所示的三种形状上[6-9],对应分别为圆柱体形状的鸟体 A、中间圆柱两端半球体形状的鸟体 B 以及椭球体形状的鸟体 C。

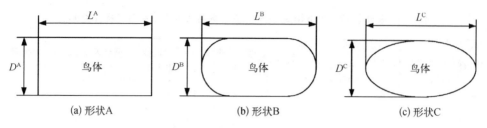

(a) 形状A   (b) 形状B   (c) 形状C

图 4.13　常用的三种鸟体形状

根据相关文献的研究,最适合的鸟体模型的长径比为 2,即 $L = 2D$。通过鸟体密度 ρ 和质量 m 参数就可以得到建模所需的长度和直径数据。针对中间圆柱两端半球形的形状 B 鸟体模型,得到体积计算公式和简化公式如下:

$$V = \frac{4}{3}\pi\left(\frac{D}{2}\right)^3 + \pi\left(\frac{D}{2}\right)^2(L - D) \tag{4.5}$$

$$V = \pi D^2\left(\frac{D}{6} + \frac{L - D}{4}\right) \tag{4.6}$$

代入密度参数 ρ 和质量参数 m,计算得到密度表达式:

$$\rho = \frac{m}{\pi D^2\left(\dfrac{D}{6} + \dfrac{L - D}{4}\right)} \tag{4.7}$$

进行化简后即可得到仿真鸟体的直径 D 和长度 L 表达式:

$$D = \left(\frac{12m}{5\pi\rho}\right)^{\frac{1}{3}} \tag{4.8}$$

$$L = 2D = 2\left(\frac{12m}{5\pi\rho}\right)^{\frac{1}{3}} \tag{4.9}$$

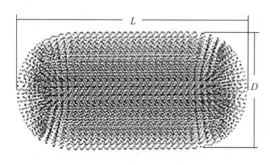

图 4.14　SPH 鸟体模型

对于质量为 1.8 kg、密度为 950 kg/m³ 的仿真鸟体,通过式(4.8)、式(4.9)计算可得其模型直径和长度分别应为 $D = 106$ mm, $L = 213$ mm;对于质量为 3.6 kg、密度为 950 kg/m³ 的仿真鸟体,通过式(4.8)、式(4.9)计算可得其模型直径和长度分别应为 $D = 143$ mm, $L = 286$ mm。典型的 SPH 鸟体模型如图 4.14 所示。

4.4.2.2　鸟体本构关系

飞机遭受鸟撞时,由于飞机的高速运动往往使得鸟体在撞击机体时表现出流体的特性,而在仿真分析中则一般通过弹性材料(elastic material)、弹塑性材料(elastic-plastic material)以及状态方程(EOS)等材料模型来描述鸟体的这种特性。

对于鸟体的弹塑性材料模型,其本构关系为

$$\sigma_{ij} = -P\delta_{ij} + \sigma'_{ij} \tag{4.10}$$

式中, σ_{ij} 为柯西应力; P 为压力。

压力-体积行为用状态方程来表示,压力-体积关系可表示为

$$\begin{cases} P = C_1\mu + C_2\mu^2 + C_3\mu^3 & \mu \geqslant 0 \\ P = C_1\mu & \mu < 0 \end{cases} \tag{4.11}$$

$$\mu = \rho/\rho_0 - 1 \tag{4.12}$$

式中, ρ 是密度; ρ_0 是初始密度。

对于鸟体的偏塑性随动模型,其模型参数主要包括:剪切模量 G 、屈服应力 σ_y 、失效应力 σ_f 、失效应变 ε_f 、塑性应变 ε_p 以及塑性硬化模量 H 等。塑性硬化模量 H 的计算公式如下:

$$H = \frac{EE^t}{E - E^t} \tag{4.13}$$

式中, E 为弹性模量; E^t 为切线模量,其材料的力学特性关系曲线如图 4.15 所示[10]。

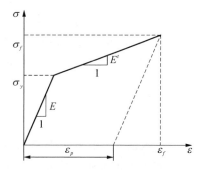

图 4.15　鸟体材料的应力-应变关系曲线

上述模型在低速和高速两种情形对于鸟弹的定义对应有两种不同的方式,低速时鸟体常常被定义为各向同性的弹塑性体,高速时则是通过状态方程来描述鸟体的这种反映随动力的压力-体积行为。该模型计算所得结果较为理想,在很多研究成果中应用了此模型。

由于鸟撞属于高速冲击,相应的鸟体材料中也会产生较高的应力,这些应力往往会大大超过材料本身的强度,导致鸟体材料发生流体状变形。由于忽略强度和黏度,可以应用简单的压力-密度状态方程来描述数值分析中鸟体材料的本构行为。对于模拟冲击过程中的压力变化情况的状态方程,以下主要对应用较广的三种状态方程进行阐述[11]。

第一种为 Mie - Grüneisen 状态方程:

$$p = \frac{\rho_0 c_0^2 \eta}{(1 - s\eta)^2}\left(1 - \frac{\Gamma_0 \eta}{2}\right) + \Gamma_0 \rho_0 e \tag{4.14}$$

式中，$c_0 = 1\,480$ m/s 代表声音在材料中的传播速度；Mie – Grüneisen 伽马值 $\Gamma_0 = 0$，$s = 0$。

第二种为多项式状态方程：

$$p = C_0 + C_1\mu + C_2\mu^2 + C_3\mu^3 \tag{4.15}$$

式中，无量纲参数 $\mu = \dfrac{\rho}{\rho_0} - 1$，而 C_0、C_1、C_2、C_3 均为材料常数。

第三种为 Murnaghan 状态方程，与 Mie – Grüneisen 状态方程和多项式状态方程相似，同样也是一种对材料压力-体积关系的定义，其状态方程如下：

$$p = p_0 + B\left[\left(\frac{\rho}{\rho_0}\right)^{\gamma} - 1\right] \tag{4.16}$$

式中，体积模量 B 和状态参数 γ 均为材料常数。对于密度为 $\rho = 0.950 \times 10^{-3}$ kg/mm^3 左右的鸟体本构模型，根据相关研究结果其对应的材料常数可以分别设为 $B = 9.3$ Gpa、$\gamma = 7.14$。

Murnaghan 状态方程即专门针对实体单元和 SPH 单元所开发，在这两种类型单元的定义上具有多项优势，包括增加的时间步长和降低的压力振荡等，而且 Murnaghan 状态方程并不需要额外定义材料的剪切强度。鉴于上述优点，一般选用 Murnaghan 状态方程来定义鸟弹材料属性。

4.4.2.3　连接、边界条件和接触定义设置

对于飞机金属结构件的连接，通常会有铆接、焊接、螺栓固定等形式，在主体上采用最多的是铆接的连接方式。出于统一性的考虑，在建模的时候一般仅构建铆接的连接形式，在有限元建模软件中常用 PLINK 连接来定义。对于飞机复材结构件的连接，通常使用黏结方式，在仿真建模中一般通过网格单元层上的节点用 TIE 连接来定义。

边界条件定义主要采用边固支的方式对模型过渡段进行若干自由度边约束。

接触定义方面，冲击动力学仿真计算软件中一般都提供了多种接触类型供用户选择，每种接触类型都有其适应面，不合适的接触选择往往会导致出错或计算失真。在设置接触定义时需进行主接触面和从接触面的确定，一般情况下，对于主、从接触面的定义有以下准则，即：相对面积较大的面一般为主面；相对刚度较大的面一般为主面；相对网格较粗的面一般为主面。

4.4.2.4　接触-碰撞数值计算方法

在鸟体撞击飞机时，鸟体作用在飞机结构上的载荷不断变化；碰撞过程中接触载荷的值与碰撞能量、接触时间、接触边界、结构材料以及结构几何形状相关，需分

别建立撞击物与靶体的有限元模型,通过位移协调方程与动量方程计算接触力。目前,针对接触力的计算在多数大型仿真计算软件中均使用罚函数法。罚函数法的计算结果只是近似值,该方法下互相接触的物体之间会发生穿透现象。罚函数方法中,通过定义接触单元或者撞击物体的几何尺寸及结构刚度来得到接触刚度,再用接触刚度乘以接触位移获得接触力。其物理意义在于:相当于在从节点与目标物之间放置了弹簧,缓解了穿透现象。该方法的缺陷与计算中选取的罚函数因子有关,一般通过减小时间步长等方法可以缓解缺陷。该算法的优点在于原理比较简单,在处理大变形问题时很少出现沙漏现象且结果稳定。

在接触-碰撞的数值计算方法中,需要考虑接触面、非嵌入条件以及接触面条件[12]。首先考虑接触面。在考虑物体 1 与物体 2 的接触问题时,记两者的当前构形分别为 V_1 与 V_2,两者的边界面分别为 A_1 和 A_2,其中物体 1 为主体,物体 2 为从体,如图 4.16 所示。根据两者边界面可知接触面为

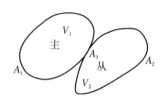

图 4.16 主体与从体接触示意图

$$A_3 = A_1 \cap A_2 \tag{4.17}$$

其次考虑非嵌入条件。由于物体 1 为主体,故其接触面为主动面;由于物体 2 为从体,故其接触面为从动面。物体 1 与物体 2 在碰撞时的非嵌入条件表达为

$$V_1 \cap V_2 = 0 \tag{4.18}$$

由式(4.18)可知,两物体接触但不重合。在计算过程中,由于无法得知两物体的接触位置,故在大变形问题中,把式(4.18)构型公式描述成位移相关函数:

$$U_N^1 - U_N^2 = (u^1 - u^2)n^1 \leqslant 0 \mid_{A_3} \tag{4.19}$$

$$V_N^1 - V_N^2 = (v^1 - v^2)n^1 \leqslant 0 \mid_{A_3} \tag{4.20}$$

式中,N 为接触法向。

最后需要考虑接触面条件。接触面的力可以根据方向分为法向力 t_N 与切向力 t_T。物体 1 与物体 2 上的法向力与切向力满足如下条件:

$$\begin{cases} t_N^1 + t_N^2 = 0 \\ t_T^1 + t_T^2 = 0 \end{cases} \tag{4.21}$$

根据上述两个物体的接触面、非嵌入条件以及接触面条件的描述方程,应用罚函数法对主节点与从节点进行循环处理,从而计算得到碰撞过程中的动力学响应参数。

4.4.2.5 冲击动力学仿真软件简介

在高速冲击仿真计算中,PAM‒CRASH、ABAQUS、LS‒DYNA 等仿真软件都可以实现高速冲击仿真计算,其中 PAM‒CRASH 高速冲击动力学仿真软件在国内外飞机主流制造商中应用最广泛,其显著特点是支持多 CPU 并行计算,运算效率高;三维图形显示属性灵活控制,色彩多样逼真;灵活控制计算的时间步长;动态分配内存,无须用户设置;自动消除初始穿透;灵活搜寻接触区间;针对大变形材料可采用特有的 Adaptive Mesh、Frozen Matric、Non-linear Contact Stiffness 等措施来保证求解的稳定性和精确性;可设定材料的断裂失效条件;简便地定义焊点、铆钉等约束及其断裂条件;可设置阻尼以加快求解弹性接触时的收敛。

PAM‒CRASH 软件可以通过初试时间步长放大,最小时间步长设定和节点质量动态放大三种措施来控制时间步长,以保证计算结果的精度与时间要求。对于因碰撞而产生的物质飞溅情况,也可以使用 SPH 方法模拟,以更加真实地反映实际情况。

PAM‒CRASH 软件包含两个主要部分[13],其一是 Visual‒Environment 软件包,Visual‒HVI 中的 Visual‒Crash PAM 模块用于计算模型前处理,包括定义材料模型、定义约束、载荷、连接和接触条件及设置求解控制等,形成计算输入 pc 文件;Visual‒Viewer 用于后处理,查看求解结果。其二是求解器 PAM‒CRASH,它为碰撞以及其他撞击问题提供最高级的、基于物理学的模型计算,导入在 Visual‒HVI 中形成的 pc 文件进行计算,生成 DSY 文件在 Visual‒Viewer 中查看结果,同时,还应用到了 CATIA 进行模型处理和 HyperMesh 进行大型结构有限元网格划分。本书中涉及的动态仿真计算均使用 PAM‒CRASH 软件进行有限元建模与求解,其具体流程如图 4.17 所示。

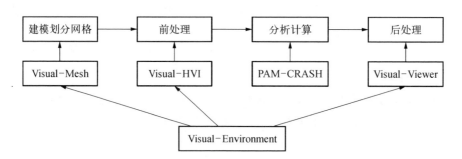

图 4.17 PAM‒CRASH 的基本分析流程图

参考文献:

[1] Master S. Bird strike requirements for transport category airplane-compliance by analysis[R], 2016.

[2]　ASTM Subcommittee on Transparent Enclosures. Standard test method for bird impact testing of aerospace transparent enclosure[S]. West Conshohochen, 2016.

[3]　Underwood C W. Aircraft structural design considerations in relation to bird impact damage [C]. Philadelphia: 9th Annual Conference on Aircraft and Propulsion Systems, 1969.

[4]　Lucy L B . A numerical approach to the testing of the fission hypothesis[J]. The Astrophysical Journal, 1977, 8(12): 1013 – 1024.

[5]　Lacome J L. Smooth Particle Hydrodynamics (SPH): A new feature in LS-DYNA[EB/OL]. https://www. dynalook. com/conferences/international-conf-2000/session7-3. pdf [2022 – 1 – 10].

[6]　Bheemreddy V, Chandrashekhara K, Schuman T. Finite element modeling of bird strikes and parametric evaluation using design of experiments(DOE)[C]. Rolla: Proceeding of the 5th Annual ISCRS Research Symposium, 2011.

[7]　Meguid S A, Mao R H, Ng T Y. Analysis of geometry effects of an artificial bird striking an aero-engine fan blade[J]. International Journal of Impact Engineering, 2008, 35: 487 – 498.

[8]　李玉龙,石霄鹏. 民用飞机鸟撞研究现状[J]. 航空学报,2012,33(2): 189 – 198.

[9]　刘小川,郭军,孙侠生,等. 用于鸟撞试验的仿真鸟弹研究[J]. 试验力学,2012,27(5): 623 – 629.

[10]　冯秀智. 明胶模拟鸟弹的研制与验证[D]. 西安: 西北工业大学,2018.

[11]　白金泽. 基于神经网络方法的鸟撞飞机风挡反问题研究[D]. 西安: 西北工业大学,2003.

[12]　刘信超. 无人机与飞机碰撞仿真及安全性评估[D]. 南京: 南京航空航天大学,2019.

[13]　刘军,李玉龙. PAM – CRASH 应用基础[M]. 西安: 西北工业大学出版社,2008.

第 5 章

鸟撞适航审定案例

5.1 机头结构鸟撞适航审定

5.1.1 机头鸟撞概述

运输类飞机机头结构的抗鸟撞设计应满足适航规章 CCAR - 25 - R4 中的 25.571(e)(1)和 25.775(b)的条款要求。

适航条款对机头结构的抗鸟撞设计仅给出原则性要求,并没有给出较为细致的设计指标和手段。针对这一原则性要求,需要从结构安全性、系统安全性和人员安全性三个方面进行结构抗鸟撞设计分析和验证,以表明其结构符合性。① 结构安全性,即机头结构在遭受鸟撞损伤后飞机能够成功地完成该次飞行(结构仍能承载并保证飞机继续安全飞行和着陆);② 系统安全性,即影响飞机飞行安全的关键系统必须采取措施进行保护,遭受鸟撞时功能仍能正常使用;③ 人员安全性,驾驶舱内飞行员不致受到伤害,保证在遭受鸟撞时可以操纵飞机继续安全飞行和着陆。

本案例中,用模拟 95 百分位男性的假人上部躯干和头部模型,放置在设计眼位位置(DEP),代表驾驶员在操纵飞机时的正常位置。通过在假人上覆盖一层薄薄的白纸,来检验鸟撞试验后是否有鸟体碎屑或飞机结构碎片影响到假人,从而为人员安全性是否受到影响作出判定。本案例的鸟撞试验后检查均未发现假人上覆盖的白纸有碎片穿透或者鸟体的痕迹,因此,可以确认这些试验不会影响人员的安全性。

本案例机头部位还包含了平视显示器(HUD)设备,对于 HUD 安装带来的鸟撞适航审定的符合性验证(CCAR 25.601 条款),见 5.6 节所述。

5.1.2 机头鸟撞部位分析

本案例飞机机头鸟撞区域主要布置了气象雷达舱、冲压涡轮舱、前附件舱、驾驶舱、前服务舱、前起落架舱、前设备舱、随机登机梯舱以及部分前货舱,其中驾驶舱段主要由天窗骨架、前起舱、驾驶舱地板和无长桁的密框构成,天窗骨架为组合梁和接头构成的空间构架,下部以密框为主的多支点支承结构,装有主风挡、通风窗和后观察窗。机头结构简图如图 5.1 所示,机头结构抗鸟撞分析主要针对驾驶舱段和雷达罩进行。

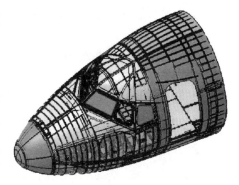

图 5.1 某型飞机机头结构简图

5.1.2.1 机头结构鸟撞有限元分析

根据该型飞机机头结构的特点,将其划分为五个区域进行结构有限元分析,即地板以上天窗骨架区域、地板以上座舱盖上壁板区域、地板以上前部侧部壁板区域、地板以下结构区域和雷达罩区域。为简化和保守考虑飞机攻角带来的影响,当鸟体撞击地板以上风挡支承区域、地板以上座舱盖上壁板区域、地板以上前部侧部壁板区域和雷达罩区域时,机头基准面水平放置;同理,当鸟体撞击地板以下结构区域时,机头基准面与水平面夹角约为 15°。根据工程经验、设计特征以及局部仿真计算结果,选取 40 个位置点作为整个机头结构动力学分析的撞击点,仿真撞击速度为 180 m/s。

1. 地板以上天窗骨架区域

地板以上天窗骨架区域鸟体撞击位置示意图见图 5.2。

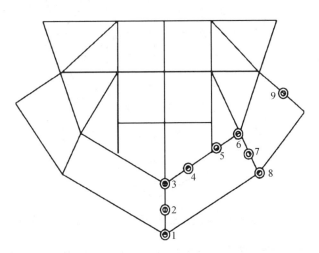

图 5.2 地板以上风挡支承区域鸟撞点位置分布示意图

上述 9 个鸟撞点的仿真计算结果如表 5.1 所示,从中可以初步认为撞击位置 4 的结构变形较为严重,进一步对其影响区域进行详细分析(包括周围系统设备、人员等的分布），确认该位置为此区域鸟撞最危险撞击点。

表 5.1 地板以上风挡支承区域鸟撞仿真计算结果

撞击位置	撞击点位置描述	最大塑性应变	蒙皮破坏情况	骨架破坏情况
1	0#立柱下部	≤0.01	—	塑性变形
2	0#立柱中部	≤0.03	—	塑性变形
3	0#立柱上部	≤0.01	—	塑性变形
4	0#立柱上窗框对接处	≤0.04	塑性变形	塑性变形
5	上窗框中间位置	≤0.01	塑性变形	塑性变形
6	6#立柱下部	≤0.02	—	塑性变形
7	6#立柱中部	≤0.03	—	塑性变形
8	6#立柱上部	≤0.04	—	塑性变形
9	10#面立柱中部(左侧)	≤0.01	—	塑性变形

2. 地板以上座舱盖上壁板区域

地板以上天窗骨架区域鸟体撞击位置示意图见图 5.3。

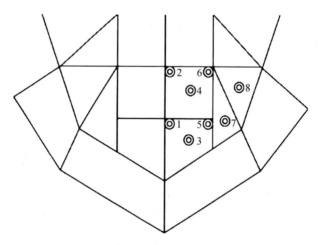

图 5.3 地板以上座舱盖上壁板区域鸟撞点位置分布示意

上述 8 个鸟撞点的仿真计算结果如表 5.2 所示，从中可以初步认为撞击位置 1、位置 3、位置 5 以及位置 8 的结构变形较为严重，进一步对其破坏模式和影响区域进行详细分析（包括内部框架结构的破坏情况、周围系统设备、人员等的分布），确认位置 3 为此区域鸟撞最危险撞击点。

表5.2　地板以上座舱盖上壁板区域鸟撞仿真计算结果

撞击位置	撞击点位置描述	最大塑性应变	蒙皮损伤情况	框架损伤情况
1	顶部纵梁、横梁前部、左侧纵梁	≤0.09	塑性变形	破损
2	顶部纵梁、横梁后部、左侧纵梁	≤0.09	塑性变形	塑性变形
3	顶部纵梁、横梁前部、左侧纵梁	≤0.10	塑性变形	破损
4	顶部纵梁、横梁后部、左侧纵梁	≤0.09	塑性变形	塑性变形
5	顶部纵梁、横梁前部、左侧纵梁	≤0.10	塑性变形	破损
6	顶部纵梁、横梁后部、左侧纵梁	≤0.09	塑性变形	塑性变形
7	6#平面延伸梁、左侧纵梁区域连接处	≤0.09	塑性变形	轻微破损
8	6#平面延伸梁、左侧纵梁区域中部	≤0.10	塑性变形	塑性变形

3. 地板以上前部侧部壁板区域

地板以上前部侧部壁板区域鸟体撞击位置示意图见图5.4。

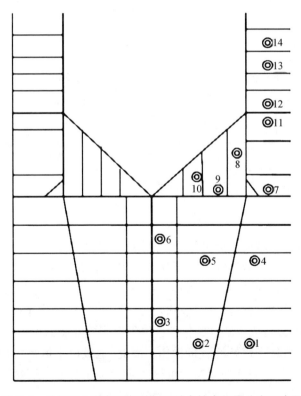

图5.4　地板以上前部侧部壁板区域鸟撞点位置分布示意图

上述 14 个鸟撞点的仿真计算结果如表 5.3 所示,从中可以初步认为撞击位置 1、位置 2、位置 3、位置 4、位置 5 和位置 11 的结构破坏较为严重,进一步对其破坏模式和影响区域进行详细分析(包括整体破坏过程、鸟体进入结构后对周围系统设备、人员的影响等),确认位置 11 为此区域鸟撞最危险撞击点。

表 5.3　地板以上前部侧部壁板区域鸟撞仿真计算结果

撞击位置	撞击点位置描述	最大塑性应变	蒙皮损伤情况	框架损伤情况
1	侧上部蒙皮	≤0.11	塑性变形	破损
2	上部蒙皮	≤0.11	塑性变形	破损
3	侧上部蒙皮	≤0.11	塑性变形	破损
4	上部蒙皮	≤0.11	局部破损	塑性变形
5	上部蒙皮	≤0.11	塑性变形	破损
6	侧上部蒙皮	≤0.10	塑性变形	塑性变形
7	侧上部蒙皮	≤0.10	塑性变形	塑性变形
8	风挡前下部左侧蒙皮	≤0.10	塑性变形	塑性变形
9	上部蒙皮	≤0.05	塑性变形	塑性变形
10	风挡前下部蒙皮	≤0.05	塑性变形	塑性变形
11	侧上部蒙皮	≤0.11	穿透性破坏	破坏
12	侧上部蒙皮	≤0.10	塑性变形	破损
13	侧上部蒙皮	≤0.05	塑性变形	塑性变形
14	侧上部蒙皮	≤0.05	塑性变形	塑性变形

4. 地板以下结构区域

地板以下结构区域鸟体撞击位置示意图见图 5.5。

图 5.5 中的 5 个鸟撞位置的仿真计算结果如表 5.4 所示,从中可以初步认为撞击位置 4 和位置 5 的结构破坏相对严重,进一步对其破坏模式和影响区域进行详细分析,认为机头结构地板下部区域处在非气密区,结构发生破坏后不会产生泄压现象,对人员不会造成威胁,同时,地板以下范围内安装的设备相对较少,且绝大多数情况下不会影响飞行员的直接操作。因此,地板以下区域可以不进行试验考核,只需针对计算得出的结构破损程度进行剩余强度分析,确认满足强度要求,安全裕度大于零。

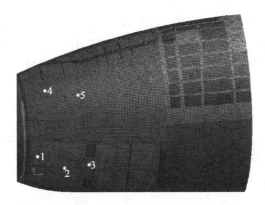

图 5.5　地板以下区域鸟撞点位置分布示意图

表 5.4　地板以下结构区域鸟撞仿真计算结果

撞击位置	撞击点位置描述	最大塑性应变	蒙皮损伤情况	框架损伤情况
1	前起舱门左侧端部	≤0.11	塑性变形	塑性变形
2	前起舱门中部	≤0.07	塑性变形	塑性变形
3	前起舱门左侧中后部	≤0.06	塑性变形	塑性变形
4	地板下下半框左侧	≤0.10	塑性变形	破损
5	地板下蒙皮	≤0.11	塑性变形	破损

5. 雷达罩区域

雷达罩区域鸟体撞击位置示意图见图 5.6。

图 5.6　雷达罩区域鸟撞点位置分布示意图

雷达罩区域遭受鸟撞击后,雷达罩破损严重致使鸟体进入结构内部造成一定损坏。图5.6中4种工况的仿真计算结果如表5.5所示,对其破坏模式和影响区域进行详细分析后,认为雷达罩左上部(撞击位置4)对机体结构和设备造成的损伤更为严重,可以作为试验点进行进一步考核。

表5.5　雷达罩区域鸟撞仿真计算结果

撞击位置	撞击点位置描述	最大塑性应变	雷达罩损伤情况	框架损伤情况
1	雷达罩中部	≤0.15	雷达罩穿透性破坏	盆形件局部破损
2	雷达罩左中部	≤0.15	雷达罩穿透性破坏	盆形件穿透性破坏
3	雷达罩中上部	≤0.15	雷达罩穿透性破坏	框腹板穿透性破坏
4	雷达罩左上部	≤0.15	雷达罩穿透性破坏	框腹板穿透性破坏

6. 机头结构各撞击点区域的有限元分析结论

经过对上述五个区域进行结构有限元分析对比,认为下列4个撞击位置相对比较危险,将作为进一步试验验证的考核点。4个位置如下:

(1) 天窗骨架区域0#立柱上窗框对接处撞击点(撞击点4);
(2) 座舱盖上壁板区域顶部纵梁、横梁前部、左侧纵梁区域撞击点(撞击点3);
(3) 机头结构区域侧上部蒙皮撞击点(撞击点11);
(4) 雷达罩区域左上部撞击点(撞击点4)。

5.1.2.2　机头结构鸟撞系统安全性分析

鸟撞系统安全性分析工作是在不考虑结构抗鸟撞性能的前提下开展的,根据某型运输类飞机机头鸟撞结构受损影响区设备布置情况,对其中的8个撞击部位进行鸟撞系统安全性分析,如表5.6所示。在进行系统综合分析时,不考虑鸟体进入驾驶舱对驾驶员造成伤害。下面以撞击点2为例进行系统安全性分析,撞击点2位置所在的影响区域如图5.7所示。经分析,在此处遭遇鸟撞击会导致蒙皮发生破坏,内部框也发生严重断裂破坏。

表5.6　机头结构系统安全性分析鸟撞位置

序号	鸟撞位置	相应设备
1	0#立柱与上窗框对接处	顶部板、内饰、空调系统通风嘴
2	顶部纵梁、横梁前部、左侧纵梁区域	顶部板、内饰、空调系统设备、驾驶员应急撤离绳储藏处、照明系统等

续　表

序号	鸟 撞 位 置	相 应 设 备
3	侧上部蒙皮	空调管、左侧操纵台上的前轮转弯手柄、仪表板、静止变流器、防冰探测器、变压整流器、大气数据计算机,RAT 发电机控制器
4	上部蒙皮	
5	前起落架舱门	前起落架
6	地板下蒙皮	全静压管、测斜仪、铅锤式快速调平装置、外电源插座、照明系统
7	雷达罩左中部框	雷达、静止变流器、防冰探测器、变压整流器、大气数据计算机、RAT 发电机控制器、前起落架
8	雷达罩左上部框	静止变流器、防冰探测器、变压整流器、大气数据计算机,RAT 发电机控制器

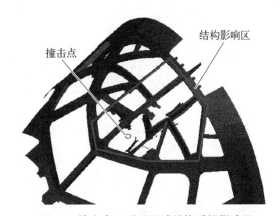

图 5.7　撞击点 2 附近区域结构受损影响区

图 5.8　撞击点 2 影响区域系统布置情况

撞击点 2 所在区域的系统布置情况如图 5.8 所示,受影响的设备有: 电源系统的顶部板、地面服务电源控制板和顶部重要断路器板,通信系统位于顶部板区域的 CVR 区域话筒、CVR 控制板和内话控制板,飞控系统位于顶部板的部分电源断路器、直接模式开关和维护模式开关,导航系统位于顶部板的 ADC 断路器,内饰结构,驾驶舱环控系统设备(个别通风喷嘴、活门、公共通风出口),驾驶员应急撤离绳储藏处,照明灯,风挡防冰除雨系统的控制开关,液压系统的液压控制面板。以电源系统鸟撞为例,分析其安全性评估及风险等级。

撞击点 2 区域受影响的电源系统设备(含管线连接设备)清单如表 5.7 所示,撞击点 2 区域受影响的电源危险清单如表 5.8 所示。

表 5.7　撞击点 2 区域电源系统设备(含管线连接设备)清单

系统: 电源系统		影响区域: 撞击点 2 影响区域
设备名称	是否为其他系统关联设备	故障模式
控制开关 LGEN	否	(1) 控制信号为开路,LGR 打开,LIDG 无法向汇流条供电; (2) 控制信号为地,无法通过开关 LGEN 将 LGR 断开
控制开关 LIDG	否	(1) 控制信号为开路,无法通过开关 LIDG 将 LIDG 与发动机脱扣; (2) 控制信号为地,LIDG 脱扣
控制开关 RAT RESET	否	RAT 发电机可能因过载而无法供电
控制开关 RGEN	否	(1) 控制信号为开路,RGR 打开,RIDG 无法向汇流条供电; (2) 控制信号为地,无法通过开关 RGEN 将 RGR 断开
控制开关 RIDG	否	(1) 控制信号为开路,无法通过开关将 RIDG 脱扣; (2) 控制信号为地,RIDG 脱扣
控制开关 APU GEN	否	(1) 控制信号为开路,APU 发电机不可用; (2) 控制信号为地,无法将 AGR 断开
控制开关 EXT PWR	否	回到地面后,外电源不可用
控制开关 LBUS TIE	否	(1) 控制信号为开路,左交流汇流条无法由 APU 发电机或 RIDG 供电; (2) 控制信号为地,无法通过控制开关将左右交流汇流条隔离
控制开关 RBUS TIE	否	(1) 控制信号为开路,右交流汇流条无法由 APU 发电机或 LIDG 供电; (2) 控制信号为地,无法通过控制开关将左右交流汇流条隔离
控制开关 MAIN BATT	否	无法控制主蓄电池与电网的连接

续　表

系统：电源系统		影响区域：撞击点 2 影响区域
设备名称	是否为其他系统关联设备	故障模式
控制开关 APU BATT	否	无法控制 APU 蓄电池与电网的连接
控制开关 DC BUS TIE	否	(1) 控制信号为开路，左右直流汇流条以及左右直流重要汇流条无法互连； (2) 控制信号为地，无法通过开关隔离左右直流汇流条以及左右直流重要汇流条
控制开关 ETRU	否	(1) 控制信号为开路，ETRU 无法闭合； (2) 控制信号为地，无法通过开关断开 ETRU
控制开关 GALLEY	否	厨房不可用
控制开关 GND SVCEELEC PWR	否	空中时无影响
顶部重要断路器板	是	将导致连接的用电设备失电

表 5.8　撞击点 2 区域电源危险清单

系统：电源系统		影响区域：撞击点 2 影响区域
系统功能危险描述	对应的设备故障组合	对应的整机级功能危险描述
左交流汇流条和右交流汇流条供电同时失效，危险等级 Ⅱ	控制开关 LGEN（LIDG）、RGEN（RIDG）与 APU GEN 故障	丧失主交流电源
丧失多个直流电源（左直流、右直流和直流转换重要汇流条供电均失效），危险等级 Ⅰ	控制开关 LGEN（LIDG）、GEN（RIDG）、APU GEN、ETRU、MAIN BATT 和 APU BATT 故障	丧失所有直流电源
地面服务汇流条供电失效，危险等级 Ⅳ	控制开关 EXT PWR 失效	丧失单个地面服务电源

　　根据表 5.7 和表 5.8 中电源系统清单和危险分析清单，受影响设备有电源顶部板、地面服务电源控制板和顶部重要断路器板，并经分析电源系统设备失效的最严酷危险等级为 Ⅰ 级。

　　在撞击点 2 所在区域对受影响系统的安全性分析时，依据电源系统、通信系统、飞控系统、液压系统、辅助动力系统、风挡防冰除雨系统、氧气系统、指示记录系统、导航系统、燃油系统、动力装置系统、气源系统、照明系统、空调系统、自动飞行系统评估结果进行综合分析,结果表明布置在该区域的以上系统相关设备会可能导致飞机关键飞行信息丧失(Ⅰ级风险)、滚转控制功能丧失(Ⅰ级风险)、偏航控制功能丧失(Ⅰ级风险)、俯仰控制功能丧失(Ⅰ级风险)、主要交流电源和所有直流电源丧失(Ⅰ级风险)、所有液压系统丧失(Ⅰ级风险)以及4台发动机供油泵同时失效(Ⅰ级风险)的多项灾难性事故,从系统安全性分析结果表明影响飞机安全返航。

根据某型运输类飞机机头结构各鸟撞区域的系统安全性分析评估结果,机头结构鸟撞受损区域系统设备影响情况如表5.9总结所示,该表中只给出各撞击区域内危险等级为Ⅰ类和Ⅱ类的失效状态。

表5.9 机头结构鸟撞设备系统功能失效清单

撞击点	最严酷状态描述	最严酷等级	相应系统	对安全返航是否有影响	备注
2	滚转控制功能丧失	Ⅰ	飞控系统	是	驾驶舱顶部区域遭鸟撞击后,从系统安全性综合分析结果显示,可能导致飞机损毁,影响飞机安全返航
	偏航控制功能丧失	Ⅰ	飞控系统		
	俯仰控制功能丧失	Ⅰ	飞控系统		
	丧失主要交流电源和所有直流电源	Ⅰ	电源系统		
	左交流汇流条和右交流汇流条供电同时失效	Ⅱ	电源系统		
	丧失所有液压系统	Ⅰ	液压		
	两侧风挡防冰功能同时失效	Ⅱ	风挡防冰除雨系统		
	丧失所有高度、空速和姿态的关键信息显示	Ⅰ	指示记录系统		
8	最严重可能导致方向舵模块卡阻,方向舵偏航控制功能失效	Ⅱ	飞控系统	是	

5.1.3 机头结构鸟撞试验分析

1)鸟撞试验位置及工况

根据表5.1~表5.5中机头结构不同区域鸟撞仿真计算和分析结果,以及表5.9中机头结构鸟撞设备系统功能失效清单(危险风险等级为Ⅰ和Ⅱ),确定机头结构鸟撞试验位置如表5.10所示。

表 5.10　飞机机头鸟撞试验位置

试验序号	撞击点编号	机头迎角	撞击点描述	撞击点最大允许偏差/mm		
				航向	侧向	垂向
1	位置 1	0°	左侧主风挡上窗框与 0#柱连接处	—	±25	±10
2	位置 2	0°	座舱盖上壁板主风挡与上半框之间三角区	±10	±25	—
3	位置 3	15°	雷达罩上部框左侧立柱	—	±25	±25
4	位置 4	0°	左侧上半框之间蒙皮	±10	—	±25

表 5.10 中,试验撞击点位置 1 为验证 CCAR 25.571(e)(1)条款和 CCAR 25.775(b)条款中风挡支承结构,应能承受 1.8 kg(4 lb)的飞鸟撞击而不被击穿,此时飞行速度等于海平面 V_C;试验撞击点位置 2、位置 3 和位置 4 是为验证飞机机头是否满足适航符合性条款 CCAR 25.571(e)(1)的要求,即保证飞机机头与 1.8 kg(4 lb)重的鸟以沿着飞机飞行航迹的相对速度为海平面 V_C 或 2 450 m(8 000 ft)0.85V_C(两者中的较严重者)相撞击后,飞机必须能够成功完成该次飞行。鸟撞试验在室温、干态环境下进行,试验过程和试验技术参见 4.3 节。试验所用鸟弹质量为 1.81±0.057 kg,其中鸟体增减部分不超过 0.18 kg,包装物质量不超过 0.18 kg;鸟撞速度为 180~183.6 m/s(鸟撞速度误差在 2%以内)。试验撞击点位置 1~位置 4 如图 5.9~图 5.12 所示。

2)鸟撞试验设备及测量

试验设备包括空气炮系统、控制系统、冷瞄仪、激光测速系统、测试系统、摄影系统、鸟弹收集器,详细描述见 4.3 节。

3)鸟撞试验结果

根据上述试验项目、试验设备、试验测量以及试验流程等规划和要求,鸟撞机头结构试验损伤结果如图 5.13~图 5.17 所示。

对撞击点 1 进行鸟撞试验后检查发现:试验件主风挡上窗框及座舱盖上壁板无明显的永久变形,如图 5.13 所示。

对撞击点 2 进行鸟撞试验后检查发现以下情况。

(1)座舱盖蒙皮产生变形,无破损及裂缝,如图 5.14(左图)所示。

(2)内部骨架发生局部撕裂,裂纹长度 90~100 mm,横梁发生塑性变形,根部有 10~15 mm 长的裂纹,如图 5.14(右图)所示。

对撞击点 3 进行鸟撞试验后检查发现以下情况。

(1)雷达罩在撞击后向内凹陷,根部发生撕裂。极少部分鸟体散落在前附件舱内,驾驶舱内没有任何鸟体、鸟毛和血液进入,如图 5.15(左图)所示。前附件舱内的位移测试传感器及应变测试电缆在遭受进入的鸟体撞击后均未发生任何破坏。

(2)鸟体将框缘局部撕裂,长宽尺寸约为 50 mm×100 mm,有若干铆钉脱落和松动,如图 5.15(中图)所示。

(3)框腹板发生局部破损,长宽尺寸约为 60 mm×80 mm,有若干铆钉脱落和松动,如图 5.15(右图)所示。

图 5.9 左侧主风挡上窗框与 0#柱连接处鸟撞击点位置 1

图 5.10 主风挡上窗框与上半框之间三角区鸟撞击点位置 2

图 5.11 雷达罩上部框左侧立柱间鸟撞击点位置 3(受限于空气炮高度,试验时试验件旋转 90°)

图 5.12 左侧框之间蒙皮鸟撞击点位置 4(受限于空气炮高度,试验时试验件旋转 90°)

图 5.13 撞击点 1 的试验损伤结果

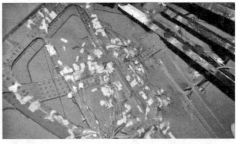

图 5.14　撞击点 2 的试验损伤结果

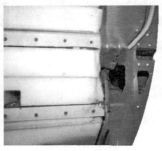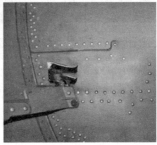

图 5.15　撞击点 3 的试验损伤结果

　　在此基础上,机头前端框蜂窝板补充撞击点位置和试验损伤结果如图 5.16 所示。鸟撞试验后检查发现:蜂窝板产生凹坑,但未穿透;某立柱产生变形和裂缝,裂缝长度 60~70 mm,连接件未脱落,泡沫有断开。

图 5.16　机头前端框蜂窝板补充撞击点位置及试验损伤结果

　　对撞击点 4 进行鸟撞试验后检查发现以下情况。

　　(1) 侧壁板蒙皮有变形,无破损,如图 5.17(左图)所示。

　　(2) 框腹板有横断裂纹,长度 80~90 mm。蒙皮与框连接处、框腹板与框缘条连接处有若干铆钉断裂和松动,如图 5.17(右图)所示。

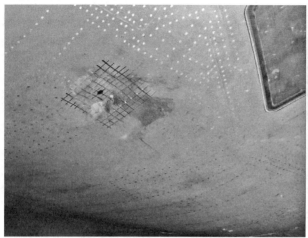

图 5.17   撞击点 4 的试验损伤结果

5.1.4   鸟撞机头结构合格判定

鸟撞机头结构的试验有效性的判断:五次撞击试验的实际鸟重满足上述质量要求;五个撞击点的实测撞击速度均在 180~183.6 m/s 范围内;五次试验的撞击点均在预计着弹点范围内。因此,各次试验均有效。

根据上述试验结果,结合某型运输类飞机机头结构鸟撞适航验证试验大纲中的结构合格判据,该型飞机机头结构鸟撞适航验证试验结果如表 5.11 所示。结果表明:某型运输类飞机机头结构在遭受鸟撞后的损伤结果符合试验大纲中的结构合格判据,满足 CCAR 25.571 适航条款和 CCAR 25.775 适航条款中相关要求。

表 5.11   机头结构抗鸟撞合格判定

试验撞击点	验证条款	结构合格判据	试验后检查结果	是否满足适航要求
左侧主风挡上窗框与 0# 柱连接处	CCAR 25.571(e)(1) 和 CCAR 25.775(b)条款	(1) 蒙皮允许出现永久变形和裂纹,但不允许穿透; (2) 支承结构(窗框、立柱、框、纵梁)允许出现永久变形、裂纹及局部破损; (3) 主风挡窗框及立柱允许出现裂纹,但不允许出现整体断裂	(1) 蒙皮没有永久变形、裂纹; (2) 支承结构(窗框、立柱、框、纵梁)没有出现永久变形、裂纹及局部破损; (3) 主风挡窗框及立柱未出现裂纹	是
座舱盖上壁板主风挡与上半框之间三角区	CCAR 25.571(e)(1)条款		(1) 蒙皮有永久变形、无裂纹; (2) 窗框、立柱没有出现永久变形、裂纹及局部破损;框、纵梁出现永久变形,裂纹尺寸 90~100 mm; (3) 主风挡窗框及立柱未出现裂纹	是

续　表

试验撞击点	验证条款	结构合格判据	试验后检查结果	是否满足适航要求
雷达罩上部及机头前端框蜂窝板	CCAR 25.571(e)(1)条款	(1) 雷达罩允许出现破坏; (2) 框腹板允许出现永久变形或裂纹,但不允许被击穿; (3) 框立柱允许出现永久变形或破坏; (4) 蜂窝夹层板允许局部破损,但不允许击穿; (5) 前端框结构可保证飞机能够继续飞行直到安全着陆	(1) 雷达罩根部出现破坏; (2) 框缘局部破损,长宽约为 50 mm×100 mm; (3) 框立柱出现永久变形,没有破坏; (4) 蜂窝夹层板出现永久变形,没有被击穿; (5) 立柱产生裂缝,长度 60~70 mm	是
左侧上半框之间蒙皮		(1) 考核部位密框结构允许出现永久变形或局部破损; (2) 考核部位蒙皮允许出现永久变形或裂纹,但不允许被击穿	(1) 框出现永久变形,框腹板有裂纹,长度 80~90 mm; (2) 蒙皮出现永久变形,没有裂纹	是

5.2　机翼结构鸟撞适航审定

5.2.1　机翼鸟撞概述

运输类飞机机翼结构的抗鸟撞设计应满足适航规章 CCAR - 25 - R4 中的 25.571(e)(1)的条款要求。

适航条款对机翼结构的抗鸟撞设计仅给出原则性要求,并没有给出较为细致的设计指标和手段。针对这一原则性要求,需要从结构安全性和系统安全性两个方面进行结构抗鸟撞设计分析和验证,以表明其结构符合性。① 结构安全性,即机头结构在遭受鸟撞损伤后仍能满足剩余强度的要求(结构仍能承载并保证飞机继续安全飞行和着陆);② 系统安全性,即影响飞机飞行安全的关键系统必须采取措施进行保护,遭受鸟撞时功能仍能正常使用。考虑到机翼前缘缝翼有收起和放下两种状态,缝翼收起状态(固定前缘隐藏)鸟撞速度取海平面 V_C 为 180 m/s,缝翼放下状态(固定前缘显露)鸟撞速度取缝翼处于放下卡位时的襟翼特征速度为 130 m/s。

5.2.2　机翼鸟撞部位分析

　　某型运输类飞机机翼前缘包括固定前缘和缝翼前缘。固定前缘是由蒙皮、隔板等组成的全金属铆接结构,其中蒙皮由铝合金板材化铣加工而成,隔板分为加强隔板和普通隔板,均由厚板机加而成,加强隔板均垂直于前缘缝翼转轴布置,用于支承前缘缝翼滑轨。固定前缘结构如图5.18所示。

图5.18　机翼固定前缘结构简图(内、中、外三段)

　　前缘缝翼位于机翼上表面,左、右机翼分别设前缘缝翼内、中、外三段,通过齿轮齿条传动机构实现缝翼的收放运动。每段缝翼偏转角度相同,其最大值约为21°。前缘缝翼采用单梁密肋式常规铆接结构,每段缝翼设置若干主滑轨和辅助滑轨,滑轨前端与缝翼相连,后端支承在机翼前缘舱内的滑轮架上。前缘缝翼结构简图见图5.19。前缘缝翼端部设有防冰管,内部结构如图5.20所示。机翼缝翼收起和放下构型如图5.21所示。

图 5.19　机翼前缘缝翼结构简图(内、中、外三段)

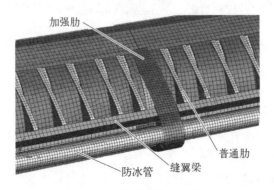

图 5.20　缝翼前缘防冰管

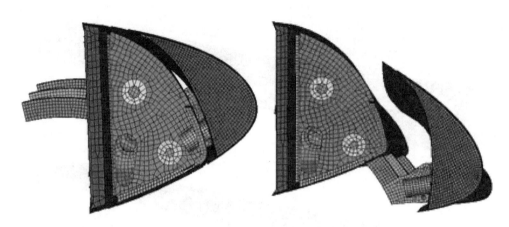

图 5.21   机翼缝翼收起构型(左)和放下构型(右)

5.2.2.1   机翼结构鸟撞有限元分析

机翼鸟撞试验撞击点是通过对三段前缘结构(固定前缘和缝翼前缘)进行仿真计算并对比结构损伤程度后得到。仿真计算时通常将机翼结构沿展向进行离散,选取若干典型位置进行分析。机翼内、中、外三段模型鸟撞位置的选取采用以下原则:每段模型按缝翼滑轨加强肋划分为 A、B、C、D 四个区域,每个区域将缝翼前端靠防冰管部分称 1 位置,缝翼上蒙皮靠隔板部位称 2 位置,缝翼放下露出来固定前缘部位称 3 位置,如图 5.22 所示。

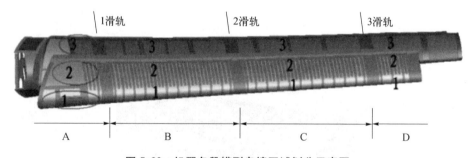

图 5.22   机翼各段模型鸟撞区域划分示意图

根据图 5.22 中缝翼两种构型的 A、B、C、D 四个区域划分,分别对 1、2、3 位置区域上进行多点鸟撞仿真计算,根据结构设计特征和相关工程经验,鸟撞撞击位置点选择至少包含以下原则:

(1)缝翼前缘口盖位置;

(2)缝翼前缘的中间位置;

(3)缝翼前缘舱肋的支承处;

（4）缝翼前缘舱两肋中间处；

（5）固定前缘滑轨有机加肋区和对接区位置；

（6）固定前缘滑轨有机加肋区和对接区前、后位置；

（7）固定前缘的中间位置；

（8）固定前缘蒙皮对接处。

1）内段前缘鸟撞位置

内段缝翼收起(S)和放下(F)构型下共分析了 17 个具有代表性的撞击点,如图 5.23 和图 5.24 所示,撞击点的位置如表 5.12 所述,鸟撞仿真计算结果统计如表 5.13 所述。

图 5.23　内段前缘收起构型撞点示意图

图 5.24　内段前缘放下构型撞点示意图

表 5.12　内段前缘撞击点位置说明

构型及速度	撞击点	位置说明
缝翼收起构型 速度 180 m/s	S-A1-1	笛形管安装肋之间的内段缝翼口盖上
	S-A1-2	缝翼笛形管安装肋与加强肋中间的上蒙皮前端
	S-B1	缝翼隔板中间的上蒙皮前端
	S-C1	缝翼隔板中间的上蒙皮前端
	S-D1	缝翼隔板中间的上蒙皮前端
缝翼放下构型 速度 130 m/s	F-A1	两笛形管安装肋之间的内段缝翼口盖上
	F-B1	缝翼隔板之间的上蒙皮前端

续 表

构型及速度	撞 击 点	位 置 说 明
缝翼放下构型 速度 130 m/s	F - D1	缝翼隔板的上蒙皮前端
	F - A2 - 1	缝翼上蒙皮中部隔板上
	F - A2 - 2	缝翼上蒙皮尾端隔板上
	F - B2	缝翼上蒙皮尾端隔板上
	F - C2	缝翼上蒙皮尾端隔板上
	F - D2	缝翼上蒙皮尾端隔板位置
	F - A3	隔板与加强隔板之间固定前缘蒙皮
	F - B3	固定前缘蒙皮隔板上
	F - C3	固定前缘蒙皮隔板之间
	F - D3	固定前缘内、中段蒙皮对接处中段隔板

表 5.13　内段前缘鸟撞仿真计算统计结果

		鸟撞位置	A1 - 1	A1 - 2	B1	C1	D1
缝翼 收起	前缘 缝翼	上蒙皮	破坏	破坏	破坏	破坏	破坏
		下蒙皮	塑性	局部	塑性	塑性	塑性
		缝翼梁	局部	破坏	局部	破坏	破坏
		隔板/肋	局部	破坏	局部	破坏	破坏
		连接角材	破坏	塑性	塑性	塑性	塑性
	固定 前缘	蒙皮	最大塑性 应变≤0.08	最大塑性 应变≤0.03	最大塑性 应变≤0.03	最大塑性 应变≤0.03	最大塑性 应变≤0.03
		隔板	塑性	塑性	塑性	塑性	塑性
		机翼梁	完好				
	防冰管		破坏	破坏	破坏	破坏	破坏
	是否影响缝翼收放		是	是	是	是	是

续　表

		鸟撞位置	A1	—	B1	—	C1
缝翼放下	前缘缝翼	上蒙皮	破坏	—	破坏	—	破坏
		下蒙皮	—	—	塑性	—	塑性
		缝翼梁	塑性	—	局部	—	局部
		隔板/肋	塑性	—	局部	—	塑性
		连接角材	塑性	—	塑性	—	塑性
	固定前缘	蒙皮					
		隔板					
		机翼梁					
		防冰管	破坏	—	局部	—	破坏
		鸟撞位置	A2-1	A2-2	B2	C2	D2
	前缘缝翼	上蒙皮	塑性	塑性	塑性	塑性	塑性
		下蒙皮	完好	塑性	塑性	塑性	塑性
		缝翼梁	完好	完好	完好	完好	完好
		隔板/肋	破坏	破坏	破坏	破坏	破坏
		连接角材	完好	完好	完好	完好	完好
	固定前缘	蒙皮	完好	最大塑性应变≤0.04	最大塑性应变≤0.03	最大塑性应变≤0.03	最大塑性应变≤0.03
		隔板	完好	塑性	塑性	塑性	塑性
		机翼梁	完好				
		鸟撞位置	A3	—	B3	C3	D3
	前缘缝翼	上蒙皮	完好				
		下蒙皮					
		缝翼梁					
		隔板/肋					
		连接角材					
	固定前缘	蒙皮	最大塑性应变≤0.09	—	最大塑性应变≤0.05	最大塑性应变≤0.05	最大塑性应变≤0.05
		隔板	塑性	—	局部	塑性	局部
		机翼梁	完好				

破坏：指该结构出现较严重的破损

局部(局部破坏)：指该结构仅有少许破损

塑性(塑性变形)：指结构没有发生破坏，但有塑性变形

完好：指结构既没有破坏也没有塑性变形

当缝翼处于收起状态时,撞击在 1 区域比撞击在 2 区域严重(2 区域撞击对结构损伤很小,故只在中段列出 2 点进行说明),故从总体损伤来看,1 区域>2 区域。缝翼上蒙皮前端 1 区域的各撞击点 S-*1,缝翼上蒙皮有穿透破坏;防冰管被撞断;缝翼梁和隔板都有不同程度破坏;缝翼下蒙皮除 S-A1-2 位置有局部破坏外,其余都是塑性变形。固定前缘蒙皮及隔板都有塑性变形,但塑性应变水平都比较低;按固定前缘损伤程度排序为 A1-1>C1>(D1、A1-2)>B1,由于 A1-1 和 D1 位置固定前缘蒙皮上有开口,故 A1-1 是损伤相对严重的撞击点,可以不考虑 2 区域的试验验证。

当缝翼处于放下状态时,从总体损伤来看,3 区域>2 区域>1 区域。缝翼前端的撞击点 F-*1,缝翼上蒙皮都被鸟体穿透,缝翼梁及隔板有部分损伤,下蒙皮都有塑性变形,因为这些撞击点位于固定前缘之下,故对固定前缘没有任何损伤和危险,该区域可以不考虑进行试验验证。缝翼尾缘的撞击点 F-*2,缝翼上蒙皮都有塑性变形;下蒙皮除 A2-1 完好外其余都有塑性变形,隔板都有破坏,缝翼梁及角材都完好;除 A2-1 撞击点鸟体向后滑没有撞到固定前缘,其余各点都撞击到固定前缘,蒙皮及隔板都有塑性变形,但应变水平比较低。按固定前缘损伤程度排序为 A2-2>(D2、C2、B2),故 A2-2 是相对严重部位。固定前缘蒙皮的撞击点 F-*3,固定前缘蒙皮都有塑性变形,A3、C3 撞击在隔板之间,隔板只有塑性变形,B3、D3 撞击在隔板上,隔板都有局部破坏。按固定前缘损伤程度排序,可得 A3>C3>(B3、D3),故 A3 是损伤相对严重部位。

因此,内段前缘 S-A1-1、F-A2-2、F-A3 是损伤相对严重的撞击位置。

2) 中段前缘鸟撞位置

中段缝翼收起(S)和放下(F)构型下共分析了 18 个具有代表性的撞击点如图 5.25 和图 5.26 所示,撞击点的位置如表 5.14 所述,鸟撞仿真计算结果统计如表 5.15 所述。

图 5.25　中段前缘收起构型撞点示意图

图 5.26　中段前缘放下构型撞点示意图

表 5.14　中段前缘撞击点位置说明

构型及速度	撞击点	位置说明
缝翼收起构型 速度 180 m/s	S－A1	缝翼隔板处上蒙皮前端
	S－B1	缝翼隔板之间的上蒙皮前端
	S－C1	缝翼隔板之间的上蒙皮前端
	S－D1	缝翼隔板的上蒙皮前端
	S－A2	缝翼隔板的上蒙皮中部
	S－B2	缝翼隔板的上蒙皮中部
缝翼放下构型 速度 130 m/s	F－A1	缝翼隔板处的上蒙皮前端
	F－B1	缝翼隔板处的上蒙皮前端
	F－C1	缝翼隔板处的上蒙皮前端
	F－D1	缝翼隔板处的上蒙皮前端
	F－A2	缝翼隔板的上蒙皮尾端
	F－B2	缝翼隔板的上蒙皮尾端
	F－C2	缝翼隔板处的上蒙皮尾端
	F－D2	缝翼隔板处的上蒙皮尾端
	F－A3	固定前缘隔板与加强隔板之间的蒙皮
	F－B3	固定前缘隔板上的蒙皮
	F－C3	固定前缘隔板上的蒙皮
	F－D3	固定前缘隔板上的蒙皮

表 5.15　中段前缘鸟撞仿真计算统计结果

鸟撞位置			A1	B1	C1	D1	A2	B2
缝翼收起	前缘缝翼	上蒙皮	破坏	破坏	破坏	破坏	塑性	塑性
		下蒙皮	塑性	塑性	塑性	塑性		
		缝翼梁	破坏	局部	局部	塑性		
		隔板/肋	破坏	破坏	破坏	破坏		
		连接角材	破坏	破坏	破坏	局部	完好	
	固定前缘	蒙皮	最大塑性应变≤0.03	最大塑性应变≤0.03	最大塑性应变≤0.03	最大塑性应变≤0.09		
		隔板	塑性	完好	完好	完好		
		机翼梁	完好					
	防冰管		破坏	局部	局部	破坏	完好	
	是否影响缝翼收放		是	是	是	是		

续　表

		鸟撞位置	A1	B1	C1	D1	
缝翼放下	前缘缝翼	上蒙皮	破坏	破坏	破坏	破坏	—
		下蒙皮	塑性	塑性	塑性	塑性	
		缝翼梁	塑性	塑性	局部	局部	
		隔板/肋	塑性	塑性	塑性	塑性	
		连接角材	局部	塑性	塑性	塑性	
	固定前缘	蒙皮	完好				—
		隔板					
		机翼梁					
	防冰管		破坏	塑性	塑性	破坏	—
		鸟撞位置	A2	B2	C2	D2	
	前缘缝翼	上蒙皮	塑性	塑性	塑性	塑性	
		下蒙皮	塑性	塑性	塑性	塑性	
		梁	完好	完好	完好	完好	
		隔板/肋	破坏	局部	局部	局部	
		连接角材	完好	完好	完好	完好	
	固定前缘	蒙皮	最大塑性应变≤0.08	最大塑性应变≤0.09	最大塑性应变≤0.07	最大塑性应变≤0.06	
		隔板	完好	塑性	塑性	塑性	
		机翼梁	完好				—
		鸟撞位置	A3	B3	C3	D3	
	前缘缝翼	上蒙皮	完好				—
		下蒙皮					
		缝翼梁					
		隔板/肋					
		连接角材					
	固定前缘	蒙皮	最大塑性应变≤0.07	最大塑性应变≤0.05	最大塑性应变≤0.06	最大塑性应变≤0.08	—
		隔板	塑性	塑性	塑性	塑性	
		机翼梁	完好				—

当缝翼处于收起状态时,撞击在 1 区域比撞击在 2 区域严重,故从总体损伤来看,1 区域>2 区域。缝翼上蒙皮前端的各撞击点 S－*1,缝翼上蒙皮均被穿透,防冰管全部破坏,缝翼梁及角材都有不同程度破坏,隔板都有破坏,缝翼下蒙皮都塑

性变形。固定前缘蒙皮及隔板都有塑性变形,按固定前缘损伤程度排序为 D1 >
A1>(B1、C1),同时由于到 D1 位置的固定前缘有开口,故 D1 是损伤相对严重位
置。可以不考虑 2 区域的试验验证。

当缝翼处于放下状态时,从总体损伤来看,2 区域>3 区域>1 区域。缝翼上蒙
皮前端的撞击点 F $^{-*}$1,鸟体都能将缝翼上蒙皮穿透,并对缝翼内部结构造成损
伤,但不会穿透缝翼下蒙皮,对固定前缘没有任何损伤和危险,1 区域可以不考虑
试验。缝翼上蒙皮尾端的撞击点 F $^{-*}$2,缝翼上下蒙皮都有塑性变形,并对内部隔
板造成破坏;鸟体滑向固定前缘后对蒙皮造成塑性变形损伤,除 A2 撞击点固定前
缘隔板完好外,其余三点隔板都有塑性变形,按固定前缘损伤程度排序为 B2>D2>
A2>E2,故 B2 是损伤相对严重点。固定前缘的撞击点 F $^{-*}$3,固定前缘蒙皮及隔板
都有塑性变形,按固定前缘损伤程度排序为 D3>A3>(C3、B3),故 E3 是损伤相对
严重撞击点。

因此,中段前缘 S-D1、F-B2、F-D3 是损伤相对严重的撞击位置。

3) 外段前缘鸟撞位置

外段缝翼收起(S)和放下(F)构型下共分析了 14 个具有代表性的撞击点如图
5.27 和图 5.28 所示,撞击点的位置如表 5.16 中所述,鸟撞仿真计算结果统计如表
5.17 中所述。

图 5.27　外段前缘收起构型撞点示意图

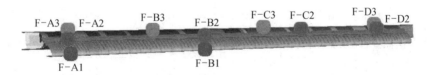

图 5.28　外段前缘放下构型撞点示意图

表 5.16　外段前缘撞击点位置说明

构型及速度	撞击点	位 置 说 明
缝翼收起构型 速度 180 m/s	S-A1	缝翼隔板的上蒙皮前端
	S-B1	缝翼隔板的上蒙皮前端
	S-C1	缝翼隔板的上蒙皮前端
	S-D1	缝翼隔板的上蒙皮前端

续　表

构型及速度	撞击点	位 置 说 明
缝翼放下构型 速度 130 m/s	F－A1	缝翼隔板的上蒙皮前端
	F－B1	缝翼隔板的上蒙皮前端
	F－A2	缝翼隔板的上蒙皮尾端
	F－B2	缝翼隔板的上蒙皮尾端
	F－C2	缝翼隔板的上蒙皮尾端
	F－D2	缝翼隔板的上蒙皮尾端
	F－A3	固定前缘隔板与加强隔板的蒙皮
	F－B3	固定前缘隔板的蒙皮
	F－C3	固定前缘隔板上的蒙皮
	F－D3	固定前缘加强隔板与隔板之间的蒙皮

表 5.17　外段前缘鸟撞仿真计算统计结果

		鸟撞位置	A1	B1	C1	D1
缝翼 收起	前缘 缝翼	上蒙皮	破坏	破坏	破坏	破坏
		下蒙皮	塑性	塑性	塑性	塑性
		缝翼梁	破坏	破坏	塑性	局部
		隔板/肋	破坏	塑性	破坏	破坏
		连接角材	破坏	塑性	破坏	破坏
	固定 前缘	蒙皮	完好	最大塑性 应变≤0.04	最大塑性 应变≤0.03	完好
		隔板	完好	塑性	塑性	完好
		机翼梁	完好			
	防冰管		破坏	局部	破坏	破坏
	是否影响缝翼收放		否	是	是	否

续　表

		鸟撞位置	A1	B1	—	—
缝翼放下	前缘缝翼	上蒙皮	破坏	破坏	—	—
		下蒙皮	塑性	塑性	—	—
		缝翼梁	塑性	局部	—	—
		隔板/肋	塑性	塑性	—	—
		连接角材	塑性	塑性	—	—
	固定前缘	蒙皮	完好			
		隔板				
		机翼梁				
	防冰管		塑性	塑性	—	—
		鸟撞位置	A2	B2	C2	D2
	前缘缝翼	上蒙皮	塑性	塑性	完好	塑性
		下蒙皮	塑性	塑性	完好	塑性
		梁	完好	完好	完好	完好
		隔板/肋	塑性	局部	塑性	塑性
		连接角材	完好	完好	完好	完好
	固定前缘	蒙皮	最大塑性应变≤0.10	最大塑性应变≤0.10	最大塑性应变≤0.11	最大塑性应变≤0.07
		隔板	塑性	塑性	塑性	塑性
		机翼梁	完好			
		鸟撞位置	A3	B3	C3	D3
	前缘缝翼	上蒙皮	完好			
		下蒙皮				
		缝翼梁				
		隔板/肋				
		连接角材				
	固定前缘	蒙皮	最大塑性应变≤0.05	最大塑性应变≤0.05	最大塑性应变≤0.05	最大塑性应变≤0.06
		隔板	完好	局部	塑性	塑性
		机翼梁	完好			

当缝翼处于收起状态时,撞击在 1 区域比撞击在 2 区域损伤更严重,故从总体损伤来看,1 区域>2 区域。缝翼上蒙皮前端的撞击点 S-*1,缝翼上蒙皮都被穿透;缝翼内部缝结构有不同损伤,但缝翼下蒙皮没有被穿透,只是塑性变形;固定前缘 B1 和 C1 点蒙皮及隔板都有塑性变形,按固定前缘损伤程度排序为 B1>C1>(A1、D),故 B1 是损伤相对严重位置。2 区域可以不考虑进行试验。

当缝翼处于放下状态时,从总体损伤来看: 2 区域>3 区域>1 区域。缝翼上蒙皮前端的撞击点 F-*1,鸟体都能将缝翼上蒙皮穿透,并对缝翼内部结构造成损伤,但不会穿透缝翼下蒙皮,对固定前缘没有任何损伤和危险,1 区域可以不考虑试验。缝翼上蒙皮尾端的撞击点 F-*2,缝翼上下蒙皮除 D2 位置完好外其余都有塑性变形,并对内部隔板造成损伤;固定前缘蒙皮及隔板都有塑性变形,按固定前缘损伤程度排序: (C2、B2)>A2>D2,故 C2 是相对严重部位。固定前缘的撞击点 F-*3,固定前缘蒙皮及隔板都有塑性变形,按固定前缘损伤程度排序为 D3>A3>(C3、B3),故 D3 是损伤相对严重位置。

因此,外段前缘 S-B1、F-C2、F-D3 是损伤相对严重的撞击位置。

4) 机翼前缘结果综合分析及地面鸟撞试验选点

综合上述机翼前缘内段、中段、外段两种构型状态下的鸟撞分析结果,对结构破坏相对严重的撞击点如表 5.18 中所示,即在缝翼收起时 1 区域中段 S-D1 位置损伤相对严重,缝翼放下时 2 区域外段 F-C2 位置损伤相对严重,缝翼放下时 3 区域内段 F-A3 位置损伤相对严重,故选取这 3 个撞击点进行地面抗鸟撞验证试验。

表 5.18 机翼前缘内、中、外段收起、放下构型严重损伤撞击点

缝翼状态	内 段		中 段		外 段	
	撞击点	蒙皮最大塑性应变	撞击点	蒙皮最大塑性应变	撞击点	蒙皮最大塑性应变
缝翼收起 S-*1	S-A1-1	≤0.08	S-D1	≤0.09	S-B1	≤0.04
缝翼放下 F-*2	F-A2-2	≤0.04	F-B2	≤0.09	F-C2	≤0.11
缝翼放下 F-*3	F-A3	≤0.09	F-D3	≤0.08	F-D3	≤0.06

5.2.2.2 机翼结构鸟撞系统安全性分析

根据机翼鸟撞受损影响区设备布置情况,分析该区域中的设备及管线故障对飞机飞行安全带来的影响,从而识别出影响飞机安全飞行的 Ⅰ 类和 Ⅱ 类失效状态,为完善设计提供参考。依据某型运输类飞机机翼结构自身特点,鸟撞时单侧机翼上安装的设备可能同时遭破坏,因此在对机翼结构鸟撞分析时将左右机翼分别进行系统安全性评估。

1）左机翼影响区域

左机翼前缘缝翼被鸟撞穿时受影响的系统有飞控系统、环控系统和电缆,左机翼固定前缘被鸟撞穿时受影响的系统有飞控系统、环控系统、燃油系统和电缆,左机翼翼梢小翼被鸟撞穿时受影响的系统有照明系统和电缆。机翼前缘鸟撞对飞控系统的影响情况如表 5.19 所示,经分析可知机翼鸟撞对飞控系统最严重故障情况为Ⅲ类故障。

表 5.19　机翼前缘鸟撞对飞控系统影响

区　　域			受 影 响 情 况
前缘缝翼			(1) 通告地丧失缝翼系统,Ⅳ类故障; (2) 襟翼半速运动,Ⅳ类故障
固定前缘	内段固定前缘 (1#、2#作动器)	导致作动器与舵面分离	(1) 缝翼舵面结构限制内倾斜,① 若撞击 1#作动器,则为隐蔽故障,Ⅲ类(若未破坏到电缆,舵面仍可运动),② 若撞击 2#作动器,则为显性故障,Ⅲ类; (2) 襟翼半速运动,Ⅳ类故障; (3) 通告地丧失缝翼系统,Ⅳ类故障; (4) 副翼单通道控制; (5) 丧失一对 3#多功能扰流板,Ⅳ类故障
		导致作动器卡死	(1) 通告地丧失缝翼系统,Ⅳ类故障; (2) 襟翼半速运动,Ⅳ类故障; (3) 副翼单通道控制; (4) 丧失一对 3#多功能扰流板,Ⅳ类故障
	中段固定前缘 (3#、4#作动器)	导致作动器与舵面分离	(1) 中缝翼结构限制内倾斜,显性故障,Ⅲ类; (2) 襟翼半速运动,Ⅳ类故障; (3) 通告地丧失缝翼系统,Ⅳ类故障; (4) 副翼单通道控制; (5) 丧失一对 3#多功能扰流板,Ⅳ类故障
		导致作动器卡死	(1) 通告地丧失缝翼系统,Ⅳ类故障; (2) 襟翼半速运动,Ⅳ类故障; (3) 副翼单通道控制; (4) 丧失一对 3#多功能扰流板,Ⅳ类故障
	外段固定前缘 (5#、6#作动器)	导致作动器与舵面分离	(1) 外缝翼结构限制内倾斜,① 若撞击 5#作动器,则为显性故障,Ⅲ类,② 若撞击 6#作动器,则为隐蔽故障,Ⅲ类(若未破坏到电缆,舵面仍可运动); (2) 通告地丧失襟/缝翼系统,Ⅳ类故障; (3) 副翼单通道控制; (4) 丧失一对 3#多功能扰流板,Ⅳ类故障
		导致作动器卡死	(1) 通告地丧失襟/缝翼系统,Ⅲ类故障; (2) 副翼单通道控制; (3) 丧失一对 3#多功能扰流板,Ⅳ类故障
翼梢小翼			无影响

注: 表中均考虑为最严重的故障情况组合。

　　环控系统布置在机翼上的设备主要是位于机翼前缘缝翼的防冰分系统相应设备,包括引气管路、前缘防冰管路及防冰流量传感器、机翼防冰活门、防冰压力开关、防冰压力传感器、防冰温度开关等组件。鸟体撞击在机翼前缘缝翼时,安装于前缘缝翼的机翼防冰管路会发生破坏,对机翼防冰分系统的影响有以下三种情况。

　　(1) 在非结冰条件下,防冰分系统处于关闭状态,鸟撞后防冰管路发生断裂对飞机飞行安全没有影响。

　　(2) 在结冰条件下飞行时,机组人员依据结冰探测器告警信号打开机翼防冰分系统。若在结冰区内发生鸟撞而导致防冰管路发生断裂,可引起防冰引气泄漏,进而导致防冰分系统失效,对飞机飞行安全有较大影响,属Ⅲ类故障,此时机组人员须立即关闭防冰分系统,并飞离结冰区。

　　(3) 在结冰条件下飞行时,未得到结冰的通告,鸟撞后防冰管路发生断裂,导致飞机防冰分系统失效。由于机组人员可以感受到鸟撞,此时可以立即关闭机翼防冰分系统。此种情况下,鸟撞对飞机飞行安全的影响等同于有结冰告警的影响,为Ⅲ类故障。

　　燃油系统布置在机翼上的设备主要是位于机翼固定前缘的加油压力信号器、加油电磁阀、测压管路、压力加油接头(仅右侧)和加油控制板(仅右侧)位于机翼固定前缘。鸟体撞击机翼固定前缘后,燃油系统设备可能被损坏并受影响分析如表 5.20 所示。

表 5.20　燃油系统机翼受影响设备故障模式及影响

系统：燃油系统		影响区域：机翼固定前缘	
设 备 名 称	是否为其他系统关联设备	故 障 模 式	故 障 影 响
加油压力信号器	否	加油压力信号器故障	无法监测加油压力,仅在地面使用,不影响飞行安全
加油电磁阀	否	加油电磁阀故障	无法及时切断加油流量,可能加油过量;仅在地面使用,不影响飞行安全
测压管路	否	测压管断裂	测压管路中的燃油泄漏,无法及时切断加油流量,可能加油过量;仅在地面使用,不影响飞行安全
压力加油接头	否	压力加油接头变形或破裂	无法压力加油,仅在地面使用,不影响飞行安全
加油控制板	否	加油控制板故障	无法压力加油,仅在地面使用,不影响飞行安全

从表 5.20 可以看出,燃油系统在机翼固定前缘内的设备都是在地面阶段使用,鸟撞损坏后,不会影响飞行安全,仅影响飞行任务。

根据飞控系统、环控系统、燃油系统安全性分析结果进行综合分析,鸟撞左机翼影响区域最严酷状态为飞控防冰系统故障,导致通告地丧失襟/缝翼系统,或者缝翼舵面结构限制内倾斜,或者通告地丧失防冰系统。分析结果表明布置在左侧机翼鸟撞影响区域内的以上系统相关设备故障不会对飞机安全带来灾难性影响,最严重的危险等级为Ⅲ级,从系统安全性分析结果显示不影响飞机安全返航。

2) 右机翼影响区域

右机翼前缘缝翼被鸟撞穿时受影响的系统有飞控系统、环控系统和电缆,右机翼前缘缝翼影响区域包含的管线有前缘防冰管和电缆;右机翼固定前缘被鸟撞穿时受影响的系统有飞控系统、环控系统、燃油系统、通信系统、照明系统和电缆,右机翼内段前缘-前梁区域包含的管线有燃油管、缝翼扭力管、防冰伸缩管和电缆,右机翼中段前缘-前梁区域包含的管线有电缆缝翼扭力管,右机翼外段前缘-前梁区域包含的管线有缝翼扭力管和电缆;右机翼翼梢小翼被鸟撞穿时受影响的系统有照明系统和电缆。

根据右机翼鸟撞区域设备布置情况,飞控系统在鸟撞区域受影响设备和左机翼相同,影响分析参见左机翼,分析结果表明最严重的危险等级为Ⅲ级。

鸟撞右机翼后对环控系统设备的影响与左机翼相同,防冰管路可能发生断裂,导致飞机防冰分系统失效,影响分析参见左机翼,分析结果表明最严重的危险等级为Ⅲ级。

鸟撞右机翼影响区域的燃油系统相关设备影响与左机翼相同,分析结果表明燃油系统在机翼固定前缘内的设备都是在地面阶段使用,鸟撞损坏后不会影响飞行安全,仅影响飞行任务。

鸟撞右机翼后内段前缘内相关电缆线束受损,造成右翼燃油控制板处内话插孔失效,使得维护人员无法使用右翼燃油控制板处内话插孔与驾驶舱及其他地勤人员通信,对通信系统的响应设备造成影响,最严重的危险等级为Ⅳ级。

根据照明系统功能危险分析结果,照明系统故障对飞机的最严酷影响为Ⅲ级,不影响飞机安全返航。

根据飞控系统、环控系统、燃油系统、通信系统、照明系统安全性分析结果进行综合分析,鸟撞右机翼影响区域最严酷状态为飞控防冰系统故障,导致通告地丧失襟/缝翼系统,或者缝翼舵面结构限制内倾斜,或者通告地丧失防冰系统。分析结果表明布置在右侧机翼鸟撞影响区域内的以上系统相关设备故障不会对飞机安全带来灾难性影响,最严重的危险等级为Ⅲ级,从系统安全性分析结果显示不影响飞机安全返航。

3）鸟撞机翼影响区域安全性分析结论

鸟撞左、右机翼的设备系统和电缆线束影响分析结果表明：鸟撞机翼后受影响最严酷的状态为飞控防冰系统故障，导致通告地丧失襟/缝翼系统，或者缝翼舵面结构限制内倾斜，或者通告地丧失防冰系统，最严重的危险等级为Ⅲ级，不影响飞机安全返航。故不需要对机翼结构进行系统安全性试验验证。

5.2.3 机翼结构鸟撞试验分析

1）鸟撞试验位置及工况

由上述仿真分析结果和系统安全性分析结果知：在机翼内段缝翼放下状态的F-A3位置、机翼中段缝翼收起状态的S-D1位置、机翼外段缝翼放下状态的F-C2位置三个撞击点进行地面抗鸟撞验证试验。根据 CCAR 25.571(e)(1)鸟撞适航符合性条款要求，缝翼收起构型下飞机与鸟沿着飞机飞行航迹的相对速度取海平面V_C(180 m/s)或 2 450 m(8 000 ft)0.85V_C，两者中的较严重者；缝翼放下构型下飞机与鸟沿着飞机飞行航迹的相对速度取缝翼位置约20°时的襟翼特征速度（130 m/s）。

鸟撞试验在室温、干态环境下进行，试验过程和试验技术参见4.3节。试验所用鸟弹质量为 1.81±0.057 kg，其中包裹袋重量不得大于 0.18 kg，鸟体质量增减不得大于 0.18 kg。试验时鸟撞速度在巡航状态下取 V_C = 180~183.6 m/s（鸟撞速度的误差在2%以内）、缝翼位置约20°状态下取 V=130~132.6 m/s（鸟撞速度的误差在2%以内）。在试验过程中，根据试验情况更换不同的缝翼下放状态和不同的弹着点剖面。各试验撞击点位置如图 5.29、图 5.30 和图 5.31 所示，撞击点最大允许偏差为侧向±25 mm 和垂向±10 mm。

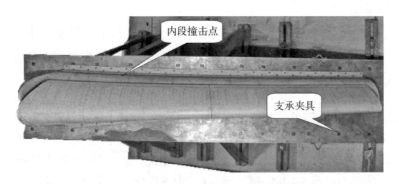

图 5.29 内段撞击点时的试验件支承情况

鸟撞机翼主要考核机翼前缘缝翼、固定前缘及机翼前梁结构，固定前缘、前梁结构在缝翼的分段位置分为 3 段后适当向左右两端延伸，前梁缘条和腹板带有一

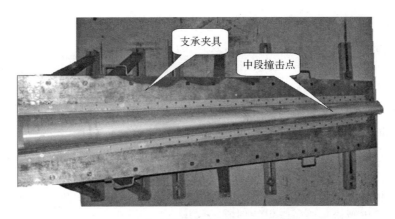

图 5.30　中段撞击点时的试验件支承情况

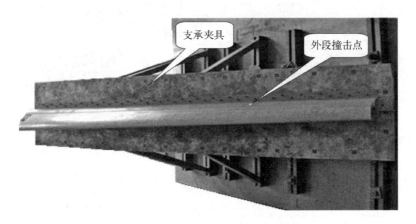

图 5.31　外段撞击点时的试验件支承情况

部分壁板、翼肋结构作为试验件过渡段,以便于试验件在夹具上支承。为保证鸟撞机翼适航验证试验工况与飞机的真实结构一致和试验效果的有效,试验件前缘缝翼、固定前缘内与装机件一样安装相应系统。装机件前缘缝翼、固定前缘内安装有飞控系统、环控系统、燃油系统和电缆,有的系统组件采用装机件,有的系统组件采用假件,但都满足与真实件一样的强度刚度要求和锁紧定位功能,同时按照系统组件的真实布局按缝翼的分段站位分为一段或多段。

　　2）鸟撞试验设备及测量

　　试验设备包括空气炮系统、控制系统、冷瞄仪、激光测速系统、测试系统、摄影系统、鸟弹收集器,详细描述见 4.3 节。

　　3）鸟撞试验结果

　　根据上述试验项目、试验设备、试验测量以及试验流程等规划和要求,鸟撞机翼试验损伤结果如图 5.32、图 5.33 和图 5.34 所示。

对撞击点 F-A3(内段鸟撞部位)进行鸟撞试验后检查发现:

(1) 缝翼被部分鸟体撞击后无可视损伤;

(2) 固定前缘蒙皮产生变形及破损,蒙皮与盒段连接处撕裂,长度 250~260 mm,若干隔板缘条撕裂,蒙皮内凹陷严重,变形长度 320~330 mm;

(3) 固定前梁隔板与前梁的若干连接角材被撕裂,隔板向翼展外侧变形,且与蒙皮连接的缘条撕裂,长度 350~360 mm;

(4) 部分鸟体进入前缘内部溅弹到若干隔板上,除(3)中的隔板外其余隔板无损伤,固定前缘内装系统无损伤;

(5) 机翼前梁腹板遭鸟体撞击后仅产生塑性变形,最大位移约 10 mm,腹板上有若干被蒙皮螺栓头挤压产生的划痕,无裂纹。

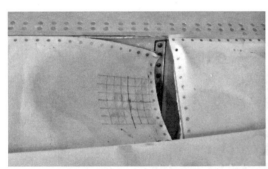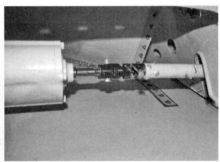

图 5.32   撞击点 F-A3(内段鸟撞部位)的试验损伤结果

对撞击点 S-D1(中段鸟撞部位)进行鸟撞试验后检查发现:

(1) 固定前缘蒙皮及隔板无可视变形和破坏;

(2) 缝翼上蒙皮从某隔板处开始向内凹陷变形,沿展向长度 300~320 mm,并在端肋前发生撕裂,长度 150~160 mm;

图 5.33   撞击点 S-D1(中段鸟撞部位)的试验损伤结果

（3）缝翼下蒙皮、隔板、梁有变形,均无破坏;

（4）缝翼端肋腹板四周断裂、脱落、连同防冰管套管掉落;

（5）缝翼上蒙皮与缝翼角材的部分连接铆钉拉断;

（6）防冰管被撞扁,在端肋防冰管套管处断裂;

（7）机翼前梁无损伤。

对撞击点 F - C2(外段鸟撞部位)进行鸟撞试验后检查发现:

（1）缝翼无可视损伤变形;

（2）固定前缘蒙皮产生变形及破损,蒙皮上部与盒段连接处撕裂,长度 230~240 mm,蒙皮在某两隔板间撕裂,长度 140~150 mm,最大凹陷变形约 50 mm;

（3）极少量鸟体进入前缘内部,若干隔板有变形,且与蒙皮连接处有若干铆钉脱落,其余隔板完好;

（4）内装系统无损伤;

（5）机翼前梁无损伤。

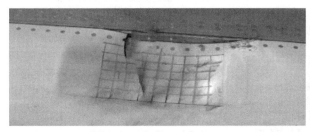

图 5.34　撞击点 F - C2(外段鸟撞部位)的试验损伤结果

5.2.4　鸟撞机翼结构合格判定

鸟撞机翼结构的试验有效性的判断:三次撞击试验的实际鸟重满足上述质量要求,三个撞击点的实测撞击速度分别为 180~183.6 m/s(第一个撞击点缝翼收起)和 130~132.6 m/s(第二、三个撞击点缝翼放下),三次试验的撞击点均在预计着弹点范围内。因此,三次试验均有效。

根据上述试验结果,结合某型运输类飞机机翼前缘构型鸟撞适航验证试验大纲中的结构合格判据,该型飞机平尾前缘构型鸟撞适航验证试验结果如表 5.21 所示。结果表明:某型运输类飞机机翼结构在遭受鸟撞后的损伤结果符合试验大纲中的结构合格判据,满足 CCAR 25.571(e)(1)适航条款中相关要求。

表 5.21　机翼结构抗鸟撞合格判定

试验撞击点	验证条款	结构合格判据	试验后检查结果	是否满足适航要求
F-A3（内段）	CCAR25.571 (e)(1)条款	(1) 前梁腹板不允许有穿透性的裂纹； (2) 缝翼、固定前缘允许破坏； (3) 操纵系统允许破坏； (4) 环控系统允许破坏； (5) 其他结构如有损伤，应能满足剩余强度要求，确保飞机安全着陆	(1) 缝翼被部分鸟体撞击后无可视损伤； (2) 固定前缘蒙皮产生变形及破损，蒙皮与盒段连接处撕裂，长度 250～260 mm,若干隔板缘条撕裂，蒙皮内凹陷严重，变形长度 320～330 mm; (3) 固定前梁隔板与前梁的若干连接角材被撕裂，隔板向翼展外侧变形，且与蒙皮连接的缘条撕裂，长度350～360 mm; (4) 部分鸟体进入前缘内部溅弹到若干隔板上，除(3)中的隔板外其余隔板无损伤，固定前缘内装系统无损伤； (5) 机翼前梁腹板遭鸟体撞击后仅产生塑性变形，最大位移约 10 mm,腹板上有若干被蒙皮螺栓头挤压产生的划痕，无裂纹	是
S-D1（中段）			(1) 固定前缘蒙皮及隔板无可视变形和破坏； (2) 缝翼上蒙皮从某隔板处开始向内凹陷变形，沿展向长度 300～320 mm,并在端肋前发生撕裂，长度 150～160 mm; (3) 缝翼下蒙皮、隔板、梁有变形，均无破坏； (4) 缝翼端肋腹板四周断裂、脱落、连同防冰管套管掉落； (5) 缝翼上蒙皮与缝翼角材的部分连接铆钉拉断； (6) 防冰管被撞扁，在端肋防冰管套管处断裂； (7) 机翼前梁无损伤	
F-C2（外段）			(1) 缝翼无可视损伤变形； (2) 固定前缘蒙皮产生变形及破损，蒙皮上部与盒段连接处撕裂，长度 230～240 mm,蒙皮在某两隔板间撕裂，长度 140～150 mm,最大凹陷变形约 50 mm; (3) 极少量鸟体进入前缘内部，若干隔板有变形，且与蒙皮连接处有少量铆钉脱落，其余隔板完好； (4) 内装系统无损伤； (5) 机翼前梁无损伤	

5.3 尾翼结构鸟撞适航审定

5.3.1 尾翼鸟撞概述

运输类飞机尾翼结构的抗鸟撞设计应满足适航规章 CCAR - 25 - R4 中的 25.631 的条款要求。

适航条款对尾翼结构的抗鸟撞设计仅给出了一个原则性要求:"飞机尾翼结构在遭受鸟撞之后,仍能继续安全飞行和着陆"。针对这一原则性要求,需要从结构安全性和系统安全性两个方面进行结构抗鸟撞设计分析和验证,以表明其结构符合性。① 结构安全性,即尾翼结构在遭受鸟撞损伤后仍能满足剩余强度的要求(结构仍能承载并保证飞机继续安全飞行和着陆);② 系统安全性,即影响飞机飞行安全的关键系统必须采取措施进行保护,遭受鸟撞时功能仍能正常使用。

尾翼包含平尾和垂尾,由于平尾和垂尾在结构特征和系统功能方面具有一定的相似性,且需满足上述相同的适航条款,故本章节将主要针对平尾结构进行抗鸟撞适航验证;垂尾结构鸟撞适航审定中的结构安全性和系统安全性分析方法及流程参考平尾结构。

5.3.2 平尾鸟撞部位分析

平尾鸟撞部位一般考核的是前缘蒙皮、前缘肋组件、前梁腹板及缘条部件。某型运输类飞机平尾前缘位于平尾外伸段前梁之前,由固定前缘和可卸前缘组成,可卸前缘分为内段、中段、外段三部分,整个前缘共有 3 个对接区,如图 5.35 和图 5.36 所示。前缘蒙皮与肋之间存在三角板结构(有利于鸟体散射和减缓对内部结构的冲击作用),并通过角片将其固定于前缘肋上。

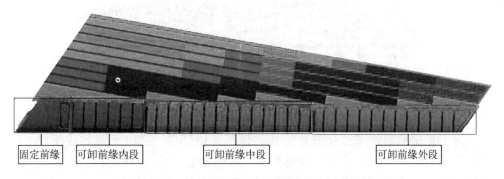

图 5.35　某型运输类飞机平尾前缘分段示意图

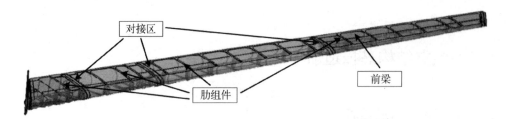

图 5.36　平尾前缘结构对接区及组件示意图

　　尾翼鸟撞试验撞击点是通过对完整的尾翼结构进行仿真计算后,对结构的损伤程度进行对比分析后得到。根据结构设计细节特征和相关工程经验,鸟撞计算时通常将尾翼结构沿展向进行离散,选取若干典型位置进行计算,撞击位置选择至少包含以下原则:

　　(1) 选取可卸前缘的各个对接区;

　　(2) 选取每段前缘的中间位置;

　　(3) 选取前缘舱肋的支承处;

　　(4) 选取前缘舱两肋中间处;

　　(5) 选取对准前梁的工艺孔处;

　　(6) 选取对准前梁两工艺孔之间处。

5.3.2.1　平尾结构鸟撞有限元分析

　　根据平尾前缘实际结构和撞击位置选择原则,固定前缘处分析计算 3 个点,平尾可卸前缘则分 3 区域,其中可卸前缘内段分析 3 个点,可卸前缘中段分析 3 个点,可卸前缘外段分析 3 个点,具体位置如图 5.37 所示,鸟体撞击平尾结构的位置如表 5.22 所述。

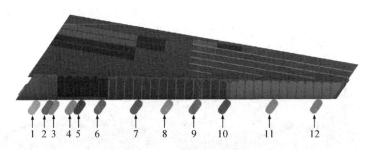

图 5.37　平尾前缘鸟撞位置示意图

　　对平尾结构部件进行有限元仿真建模和鸟体(8 lb 鸟重)有限元建模,平尾结构撞击过程中涉及的主要组件部件依次有前缘蒙皮、肋组件、前梁以及前后梁盒段,如图 5.36 中标注所示。根据该型运输类飞机的飞行性能,取海平面 V_{c} 为

180 m/s 作为鸟撞仿真速度 12 种撞击工况下的平尾前缘结构仿真结果如表 5.23 总结所示。

表 5.22　平尾鸟撞分析位置

撞击区域	撞击点	撞击点位置描述	撞击速度
固定前缘	1	前缘某一肋上	
	2	前缘某两肋之间	
	3	固定前缘与可卸前缘对接处	
可卸前缘内段	4	前缘某两肋之间	
	5	前缘某一肋上	
	6	可卸前缘内段和中段对接处	180~183.6 m/s
可卸前缘中段	7	前缘某一肋上	
	8	前缘某两肋之间	
	9	前缘某一肋上	
可卸前缘外段	10	可卸前缘中段和外段对接处	
	11	前缘某一肋上	
	12	前缘某两肋之间	

表 5.23　平尾各撞击点鸟撞仿真结果

撞击区域	撞击点	撞击点位置描述	前缘蒙皮损伤情况	肋组件损伤情况	前梁腹板最大塑性应变
固定前缘	1	前缘某一肋上	击穿	若干肋发生损伤	≤0.05
	2	前缘某两肋之间	击穿	若干肋发生破坏	≤0.03
	3	固定前缘与可卸前缘对接处	击穿	若干肋发生破坏	≤0.02
可卸前缘内段	4	前缘某两肋之间	击穿	若干肋发生破坏	≤0.01
	5	前缘某一肋上	击穿并撕裂	多个肋发生塑性变形,若干肋发生破坏	≤0.02
	6	可卸前缘内段和中段对接处	击穿	若干肋发生较大塑性变形,1 个肋完全破坏	≤0.05

续　表

撞击区域	撞击点	撞击点位置描述	前缘蒙皮损伤情况	肋组件损伤情况	前梁腹板最大塑性应变
可卸前缘中段	7	前缘某一肋上	击穿并撕裂	若干肋发生较大塑性变形,若干肋完全破坏	≤0.05
	8	前缘某两肋之间	击穿	若干肋完全损伤	≤0.03
	9	前缘某一肋上	击穿	若干肋完全损伤	≤0.07
可卸前缘外段	10	可卸前缘中段和外段对接处	击穿并发生较大区域变形	若干肋发生较大塑性变形,若干肋完全破坏	≤0.03
	11	前缘某一肋上	击穿并发生较大区域变形	若干肋完全破坏	≤0.03
	12	前缘某两肋之间	击穿	若干肋发生较大塑性变形	≤0.02

　　表5.23的各撞击工况下的仿真结果显示,前缘蒙皮均被击穿,肋结构也均有一定程度的破坏,并且均有部分鸟体撞击在前梁腹板上,造成前梁腹板变形。根据前梁腹板的材料力学性能,其失效应变为0.1~0.12,对应于表5.23中各撞击区域的撞击点的前梁腹板损伤情况,其中可卸前缘内段撞击点6和可卸前缘中段撞击点9这两个点在各撞击区域产生的前梁塑性应变最大,产生的鸟撞损伤也较为严酷。因此,平尾前缘结构主要关键位置发生逆航向鸟撞时,撞击点6和撞击点9两个位置发生的损伤相对于其他点更为严酷,需进行鸟撞试验验证。

5.3.2.2　平尾结构鸟撞系统安全性分析

　　某型运输类飞机的平尾结构分为前梁之前的前缘区域和前后梁之间的盒段区域,前缘区域的系统设备有标志灯、液压管路及其电缆,如图5.38所示;盒段区域受影响的系统有飞控系统、液压系统、照明系统,包括电缆升降舵作动器、液压管路、标志灯及电缆等相关设备,如图5.39所示。

　　平尾前缘和盒段区域都有液压系统管路设备,鸟撞后无论是否穿透平尾前梁,都会对液压系统设备造成影响。当鸟撞发生在这两个区域时,最严重的情况可能使得其中的2套液压系统完全失效,导致Ⅲ类故障风险;如果只引起1套液压系统有通告的失效(有通告的1#液压系统失效,或有通告的2#液压系统失效,或有通告的3#液压系统失效),则导致Ⅳ类故障风险。因此,平尾结构鸟撞液压系统最严酷的风险等级为Ⅲ。

　　平尾前缘区域无飞控系统设备,仅有一套液压系统管路,当平尾前缘鸟撞后该液压系统相关联系统全部失效,则尾翼左侧升降舵、右侧升降舵、方向舵、左副翼控

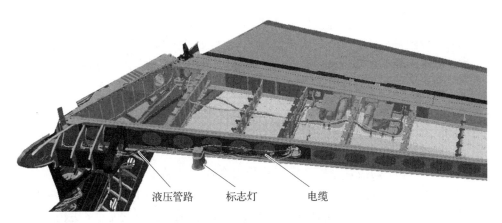

液压管路　　　标志灯　　　电缆

图 5.38　平尾前缘区域的系统设备

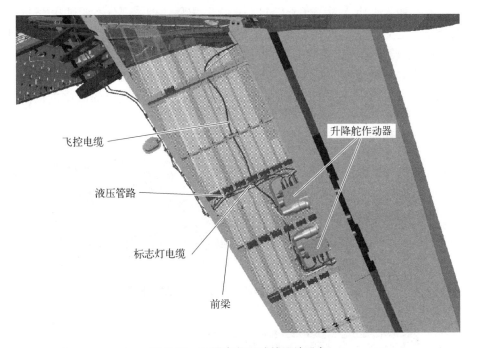

飞控电缆

液压管路

升降舵作动器

标志灯电缆

前梁

图 5.39　平尾盒段区域的系统设备

制冗余丧失,对飞机舵面控制无影响。平尾盒段区域内,左、右侧平尾电缆和液压管路对称布置,当平尾发生鸟撞同时击中两个作动器,则导致Ⅰ类风险故障;若鸟撞不能同时击中同侧两个升降舵作动器,或平尾前缘蒙皮和平尾前梁能有效抵挡鸟撞,则鸟撞对飞控系统影响处于可接受程度。

依据照明系统功能危险分析,照明系统故障对飞机的最严酷影响为Ⅲ级,不影响飞机安全返航。

由以上分析可知,平尾盒段发生鸟撞且同侧两个升降舵作动器完全丧失颤振抑制能力,则导致最严酷的风险等级为 I,影响飞机安全返航。同时,根据 5.3.2.1 节中 12 个撞击点的平尾结构鸟撞有限元分析结果,最严重的损伤仅为前梁腹板有轻微变形,鸟体没有进入盒段区域。因此,鸟体不会穿透平尾前梁而发生 I 级失效风险。

5.3.3 平尾结构鸟撞试验分析

1) 鸟撞试验位置及工况

由 5.3.2 节中的仿真分析结果和系统安全性分析结果,可对平尾可卸前缘内段与中段对接处、前缘某肋处进行鸟撞试验分析。根据 CCAR 25.631 鸟撞适航符合性条款要求,飞机平尾结构在受到 3.6 kg(8 lb)重的鸟撞击之后,飞机仍能安全飞行和着陆。鸟撞试验在室温、干态环境下进行,试验过程和试验技术参见 4.3节。试验所用鸟弹质量为(3.63±0.113) kg,其中鸟体增减部分不超过 0.36 kg,包装物质量不超过 0.36 kg;鸟撞速度为 180~183.6 m/s(鸟撞速度的误差在 2% 以内)。两个试验撞击点位置如图 5.40 和图 5.41 所示。考虑到大部分鸟体在沿逆航向撞击平尾前缘后会出现反弹,且都是沿平尾展向往翼尖滑移,为了避免两撞击点的相互影响,按照先撞击可卸前缘中段、再撞击可卸前缘内段的顺序进行试验,即先撞击位置 9 再撞击位置 6。

图 5.40 可卸前缘内段与中段对接处撞击位置 6

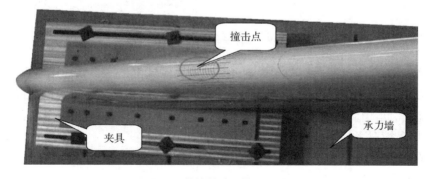

图 5.41 前缘某肋处撞击位置 9

2）鸟撞试验设备及测量

试验设备包括空气炮系统、控制系统、冷瞄仪、激光测速系统、测试系统、摄影系统、鸟弹收集器,详细描述见 4.3 节。

3）鸟撞试验结果

根据上述试验项目、试验设备、试验测量以及试验流程等规划和要求,鸟撞平尾试验损伤结果如图 5.42 和图 5.43 所示。

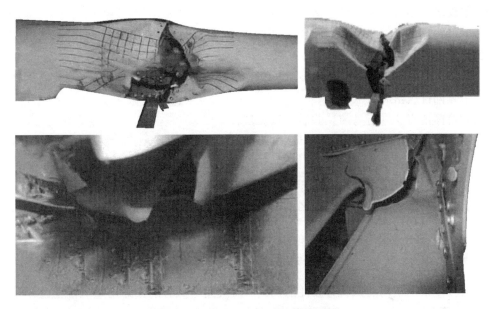

图 5.42　撞击点 6 的试验损伤结果

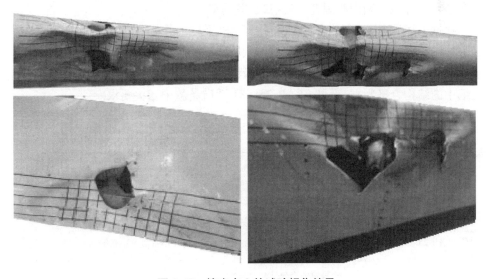

图 5.43　撞击点 9 的试验损伤结果

对撞击点 6 进行鸟撞试验后检查发现：

（1）可卸前缘蒙皮破损，最大破坏区域尺寸约 500 mm×350 mm，前缘下陷深度 90~100 mm；

（2）前梁缘条、前梁腹板以及与前梁腹板连接的结构未发生损伤；

（3）可卸前缘内部若干三角板和连接角片破损；

（4）可卸前缘内部有若干肋破损，与上蒙皮之间的若干紧固件脱落和失效，与下蒙皮之间的若干紧固件脱落和失效；

（5）左侧连接带板与上蒙皮之间的若干紧固件脱落和失效，与下蒙皮之间的若干紧固件脱落；

（6）右侧连接带板与上蒙皮之间的若干紧固件脱落和失效，与下蒙皮之间的若干紧固件脱落和失效。

对撞击点 9 进行鸟撞试验后检查发现：

（1）可卸前缘蒙皮破损，变形区域尺寸为 490~500 mm；

（2）平尾前梁缘条、前梁腹板以及与前梁腹板连接的结构未发生损伤；

（3）可卸前缘内部若干肋和三角板变形但未破损，若干连接角片破损；

（4）前缘蒙皮与肋下壁板之间的若干紧固件脱落和突出变形，与肋上壁板之间的若干紧固件脱落和失效。

5.3.4 鸟撞平尾结构合格判定

鸟撞平尾结构的试验有效性的判断：两次撞击试验的实际鸟重满足上述质量要求，两个撞击点的实测撞击速度均在 180~183.6 m/s 范围内，两次试验的撞击点均在预计着弹点范围内。因此，各次试验均有效。

根据上述试验结果，结合某型运输类飞机平尾前缘构型鸟撞适航验证试验大纲中的结构合格判据，该型飞机平尾前缘构型鸟撞适航验证试验结果如表 5.24 所示。结果表明：某型运输类飞机平尾前缘结构在遭受鸟撞后的损伤结果符合试验大纲中的结构合格判据，满足 CCAR 25.631 适航条款中相关要求。

表 5.24　平尾结构抗鸟撞合格判定

试验撞击点	验证条款	结构合格判据	试验后检查结果	是否满足适航要求
可卸前缘内段撞击点 6	CCAR 25.631 条款	（1）平尾前缘蒙皮、三角板、肋，三角板与肋的连接角片允许出现永久变形和破坏； （2）连接平尾可卸前缘蒙皮与肋缘条、肋腹板与连接角片、三角板	（1）可卸前缘蒙皮破损，最大破坏区域尺寸约 500 mm×350 mm，前缘下陷深度 90~100 mm； （2）前梁缘条、前梁腹板以及与前梁腹板连接的结构未发生损伤；	是

续　表

试验撞击点	验证条款	结构合格判据	试验后检查结果	是否满足适航要求
可卸前缘内段撞击点 6	CCAR 25.631 条款	与连接角片的紧固件允许拉脱或剪断; (3) 连接前梁腹板与立柱、前梁缘条及盒段肋与前梁腹板的紧固件允许拉脱或剪断; (4) 平尾根部到平尾盒段某肋之间的前梁结构允许永久变形和损伤,损伤后应满足结构剩余强度要求,能够保证飞机完成本次飞行; (5) 其他承力结构如有损伤,损伤后应满足结构剩余强度要求,能够保证飞机完成本次飞行	(3) 可卸前缘内部若干三角板和连接角片破损; (4) 可卸前缘内部有若干肋破损,与上蒙皮之间的若干紧固件脱落和失效,与下蒙皮之间的若干紧固件脱落和失效; (5) 左侧连接带板与上蒙皮之间的若干紧固件脱落和失效,与下蒙皮之间的若干紧固件脱落; (6) 右侧连接带板与上蒙皮之间的若干紧固件脱落和失效,与下蒙皮之间的若干紧固件脱落和失效	
可卸前缘中段撞击点 9	CCAR 25.631 条款	(1) 平尾前缘蒙皮、三角板、肋、三角板与肋的连接角片允许出现永久变形和破坏; (2) 连接平尾可卸前缘蒙皮与肋缘条、肋腹板与连接角片、三角板与连接角片的紧固件允许拉脱或剪断; (3) 连接前梁腹板与立柱,前梁缘条及盒段肋与前梁腹板的紧固件允许拉脱或剪断; (4) 平尾盒段某肋到平尾翼尖之间的前梁结构允许损伤和破坏,损伤和破坏后应满足结构剩余强度要求,能够保证飞机完成本次飞行; (5) 其他承力结构如有损伤,损伤后应满足结构剩余强度要求,能够保证飞机完成本次飞行	(1) 可卸前缘蒙皮破损,变形区域尺寸 490~500 mm; (2) 平尾前梁缘条、前梁腹板以及与前梁腹板连接的结构未发生损伤; (3) 可卸前缘内部若干肋和三角板变形但未破损,若干连接角片破损; (4) 前缘蒙皮与肋下壁板之间的若干紧固件脱落和突出变形,与肋上壁板之间的若干紧固件脱落和失效	是

5.4　风挡和窗户玻璃鸟撞适航审定

5.4.1　风挡与窗户鸟撞概述

运输类飞机风挡和窗户玻璃的抗鸟撞设计应满足适航规章 CCAR - 25 - R4 中的 25.775(b)、(c)、(d)的条款要求。

根据飞机风挡和窗户玻璃的抗鸟撞适航条款要求,风挡和窗户玻璃必须能够承受相关系统安装中完好和单一故障条件下的最大座舱压差载荷以及临界气动压力和温度效应。在上述条件下,飞机风挡和窗户玻璃发生鸟撞后,风挡内层结构均不允许发生裂纹等损伤破坏,风挡和窗户玻璃与窗体密封结构无破损,以确保飞机机头增压区无泄漏。为除冰和防冻,飞机风挡和窗户玻璃一般都嵌有导电加热系统;同时,飞机在高空飞行时外表面会经受低温过程。因此,在考察风挡和窗户玻璃遭受鸟撞时的结构损伤情况,需考虑其在最高温和最低温之间的温度效应对风挡和窗户玻璃的损伤影响。在此试验前提下,如果加热系统在鸟撞过程中失效,则不影响飞机飞行安全。因此,仅需要从结构安全性角度,验证鸟撞不会对风挡和窗户玻璃及其支承密封结构造成损伤。

5.4.2　风挡和窗户玻璃鸟撞试验分析

某型民机机头风挡和通风窗玻璃根据飞机机头结构特征进行设计、制造和安装,参考 ASTM－F330 标准试验方法对风挡和通风窗玻璃进行抗鸟撞试验验证。

1) 鸟撞试验位置及工况

试验使用 1.8 kg(4 lb)的鸟以 180~183.6 m/s(鸟撞速度的误差在 2%以内)的速度对玻璃进行撞击,同时增加了 CCAR 25.775(d)条款中温度对玻璃联合作用影响的试验条件。加温条件根据玻璃通电工作状态下产生的实际温度,低温条件参考系统试验件对温度的要求。本试验中温度工况:① 主风挡和通风窗玻璃外表面均为-35±5℃,内表面均为室温 20±3℃;② 主风挡玻璃外表面 48±5℃,通风窗玻璃外表面 38℃±5℃,内表面均为室温 20±3℃。

基于工程判断和分析:加温状态下最不利的位置是对玻璃中心的撞击,即此时玻璃中心部位变形量最大;冷却状态下最不利的位置是对玻璃拐角处的撞击,即此时拐角部位挠度最小。同时,在玻璃拐角中与鸟运动路径所形成的角度最大的拐角是最危险的区域,同时位于上部的拐角部位通常比下部的更严重一些。因此,本试验中的玻璃鸟撞部位示意图见图 5.44,各次试验中的鸟撞工况如表 5.25所示。

表 5.25　主风挡和通风窗玻璃鸟撞试验工况

撞击顺序	撞 击 位 置	温 度 条 件
1	右侧风挡玻璃顶部前拐角处	玻璃表面温度=(-35±5)℃ 内部空气温度=(20±3)℃
2	左侧风挡玻璃中心	玻璃表面温度=(48±5)℃ 内部空气温度=(20±3)℃

续　表

撞击顺序	撞 击 位 置	温 度 条 件
3	右侧通风窗玻璃顶部前拐角处	玻璃表面温度 = (−35±5)℃ 内部空气温度 = (20±3)℃
4	左侧通风窗玻璃中心	玻璃表面温度 = (38±5)℃ 内部空气温度 = (20±3)℃

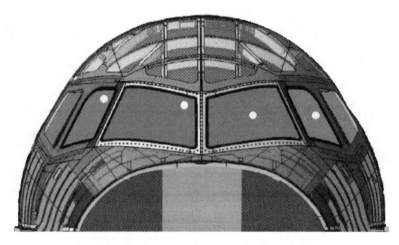

图 5.44　主风挡和通风窗玻璃鸟撞部位示意图

　　表 5.26 中的加热条件利用电加热毯覆盖在窗户外表面来对玻璃进行加温,以获得试验所要求的温度,如图 5.45 所示。试验中的冷却条件利用一个制冷箱盖在玻璃窗外表面上,通过控制注入的液氮来调整箱内的温度,以此对玻璃进行降温,并在发射鸟弹之前将制冷箱迅速从窗户上移开,如图 5.46 所示。

图 5.45　利用电加热毯覆盖对玻璃外表面进行加温

图 5.46　利用充满液氮的制冷箱对玻璃外表面进行降温

2）鸟撞试验设备及测量

试验设备包括空气炮系统、控制系统、冷瞄仪、激光测速系统、测试系统、摄影系统、鸟弹收集器，详细描述见 4.3 节。

3）鸟撞试验结果

冷却条件下对右侧风挡玻璃顶部前拐角处进行撞击时，实测玻璃外表面温度为−38.5℃、内表面温度为 18.1℃，鸟体撞击主风挡前上拐角。试验后无玻璃结构层损坏，无鸟肉渗入，试验窗密封无破损，透明件支承结构无损坏，如图 5.47 所示。

图 5.47　试验后的右侧主风挡情况（从外部和驾驶舱内部看）

加热条件下对右侧风挡玻璃中心进行撞击时（等同表 5.25 中的鸟撞试验工况 2），实测玻璃外表面温度为 50.2℃、内表面温度为 22.6℃，鸟体撞击主风挡中心位置。试验后无玻璃结构层损坏，无鸟肉渗入，试验窗密封无破损，透明件支承结构无损坏，如图 5.48 所示。

图 5.48　试验后的右侧主风挡情况（从外部和从驾驶舱内部看）

冷却条件下对右侧通风窗玻璃顶部前拐角处进行撞击时，实测玻璃外表面温度为-37.5℃、内表面温度为17.3℃,鸟体撞击主风挡前上拐角。试验后无玻璃结构层损坏,无鸟肉渗入,试验窗密封无破损,透明件支承结构无损坏,如图5.49所示。

图 5.49　试验后的右侧通风窗情况(从外部和从驾驶舱内部看)

加热条件下对左侧通风窗玻璃中心进行撞击时,实测玻璃外表面温度为40.9℃、内表面温度为22.1℃,鸟体撞击主风挡中心位置。试验后无玻璃结构层损坏,极少量鸟肉从后上拐角处渗入驾驶舱,试验窗玻璃硅橡胶密封未出现破损,透明件支承结构无损坏,如图5.50所示。

图 5.50　试验后的左侧通风窗情况(从外部和从驾驶舱内部看)

5.4.3　鸟撞风挡和窗户玻璃合格判定

鸟撞风挡和通风窗玻璃结构的试验有效性的判断:四次撞击试验的实际鸟重满足质量要求;四个撞击点的单次实测速度均在180~183.6 m/s范围内;风挡玻璃和通风窗玻璃在冷却和加热条件下的内外表面温度均在规定的工况范围内;四次试验的撞击点均在预计着弹点范围内。因此,四次试验均有效。

　　根据上述试验结果,结合某型运输类飞机风挡和通风窗玻璃结构鸟撞适航验证试验大纲中的结构合格判据,该型飞机风挡和通风窗玻璃结构鸟撞适航验证试验结果如表 5.26 所示。结果表明:某型运输类飞机风挡和通风窗玻璃结构在遭受鸟撞后的损伤结果符合试验大纲中的结构合格判据,满足 CCAR 25.775(b)、(c)、(d)适航条款中相关要求。

表 5.26　风挡结构抗鸟撞合格判定

试验撞击点	验证条款	结构合格判据	试验后检查结果	是否满足适航要求
右侧风挡玻璃顶部前拐角处	CCAR 25.775 (b)、(c)、(d) 条款要求	(1) 撞击后,透明件不允许穿透,也不允许发生碎片飞溅; (2) 不允许鸟穿透玻璃进入驾驶舱,可以接受的结果是:当撞击时由于结构变形,鸟的血肉从缝隙以低速流入驾驶舱,不会对飞行员造成伤害; (3) 没有因玻璃散落而造成的危险(即外层玻璃可以被撞坏,但两个结构层中至少要有一层保持完整,以确保飞机能紧急着陆,并且玻璃不能在驾驶舱内发生散裂)	(1) 无玻璃结构层损坏; (2) 无鸟肉渗入,试验窗密封无破损; (3) 透明件支承结构无损坏	是
左侧风挡玻璃中心			(1) 无玻璃结构层损坏; (2) 无鸟肉渗入,试验窗密封无破损; (3) 透明件支承结构无损坏	
右侧通风窗玻璃顶部前拐角处			(1) 试验后无玻璃结构层损坏; (2) 无鸟肉渗入,试验窗密封无破损; (3) 透明件支承结构无损坏	
左侧通风窗玻璃中心			(1) 无玻璃结构层损坏; (2) 极少量鸟肉从后上拐角处渗入驾驶舱,试验窗玻璃硅橡胶密封未出现破损; (3) 透明件支承结构无损坏	

5.5　起落架结构鸟撞适航审定

5.5.1　起落架鸟撞概述

　　运输类飞机起落架结构的抗鸟撞设计应满足适航规章 CCAR - 25 - R4 中的 25.571(e)(1)的条款要求。

　　根据某型运输类飞机的飞行性能测试结果,在起落架打开状态下飞机与鸟沿着飞机飞行航迹的最大相对速度为 280 kn(约 144 m/s)。因此该速度作为起落架鸟撞分析和试验验证的冲击速度。

5.5.2　起落架鸟撞试验分析

1）鸟撞试验位置及工况

试验使用 1.8 kg(4 lb)的鸟以 144~147 m/s(鸟撞速度误差在 2%以内)的速度对起落架进行撞击。根据运输类飞机的起落架运行经验,确定主起落架在放下状态下 12 个危险部位和前起落架在放下状态下 6 个危险部位进行鸟撞起落架结构件的变形和强度分析,如图 5.51 所示,即如果鸟撞起落架结构部件后产生塑性变形,特别是变形量超出许用塑性应变时,需对该部位进行鸟撞试验验证。主起落架中 P1 和 P2 是缓冲器活塞杆和外筒鸟撞点位 P3 至 P6 是侧撑杆鸟撞点位,P7 至 P11 是锁连杆鸟撞点位,P12 是解锁作动筒中心点;前起落架中 P1 为车轮中心位置,P2 为轮轴中心位置,P3 为下减震器轴承下端位置,P4 为下阻力撑杆中心位置,P5 为阻力撑杆顶点位置,P6 为侧臂中心位置。

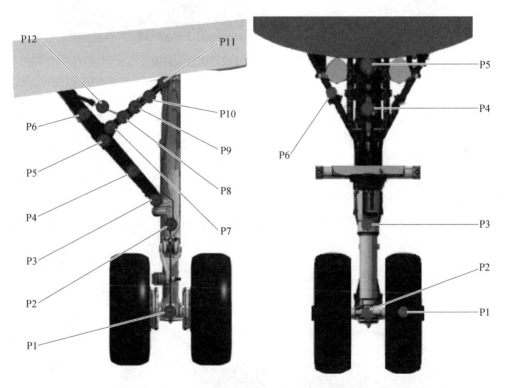

图 5.51　主起落架和前起落架鸟撞分析危险部位

经对上述起落架结构鸟撞部位分析(具体分析过程略),主起落架锁连杆中心点、下锁连杆中心点和解锁作动筒中心点为起落架鸟撞最薄弱区域,故选取主起落架结构作为试验件,对上述三处位置进行鸟撞试验。为方便进行试验,鸟撞试验中用于撞击测试的主起落架结构被上下倒置,以便在鸟撞试验中实现精准撞击,如图 5.52 所示。

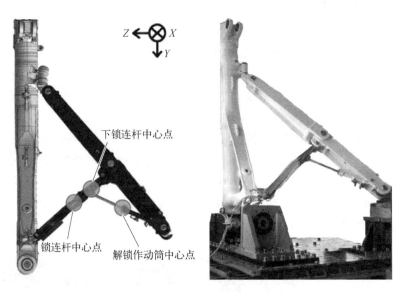

图 5.52   主起落架鸟撞试验位置示意图

2）鸟撞试验设备及测量

试验设备包括空气炮系统、控制系统、冷瞄仪、激光测速系统、测试系统、摄影系统、鸟弹收集器,详细描述见 4.3 节。除此之外,还包括升降工作台和夹持连接装置,在所有撞击试验之前需对解锁作动筒通过液压泵加压到预定值,并在撞击后检查作动筒压力是否正常。鸟撞试验测试装置如图 5.53 所示,自黏结光学标记贴在测试部件的适当位置用于观察检查点的三维运动,并通过立体摄像机测量所贴标记的实际空间坐标计算得到鸟撞后部件的变形量;同时,对光学测量点进行两次

图 5.53   鸟撞试验测试装置

单独测试检查,冲击试验前进行第一次检查作为试验前的参考测量,冲击试验后进行第二次检查并将结果与参考值进行比较。根据两次检查之间的差值(点的移动)计算结构的永久变形量,当每个测量坐标方向上的差值均小于 0.5 mm 时,被认为结构没有发生变形,即无塑性变形。如果检测点的某个坐标轴上的永久变形量或者残余变形量大于等于 0.5 mm,则需要将锁连杆中心周围各点的挠度与侧撑杆和主配件附件连接处附近测得的挠度进行比较。

　　3)鸟撞试验结果

　　对于锁连杆中心点,撞击试验通过锁连杆中心点位置,撞击后的锁连杆如图 5.54 所示,结构部件无断裂,解锁作动筒无液压泄漏现象,锁连杆处于正常的打开位置和锁定状态。通过立体摄像机拍摄得到的各光学标记点变形量如图 5.55 所示,结果显示锁连杆的塑性变形量小于 0.5 mm,经实地对撞击部位的尺寸检查,锁连杆组件没有塑性变形。

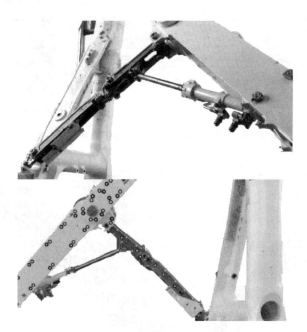

图 5.54　鸟撞后锁连杆中心点情况

　　对于下锁连杆中心点,撞击试验通过下锁连杆中心点位置,撞击后的下锁连杆如图 5.56 所示,结构部件无断裂,解锁作动筒无液压泄漏现象,锁连杆处于正常的打开位置和锁定状态。在撞击过程中,由于鸟弹碎片遮盖了部分测量标记点,摄像系统也被鸟体碎片击中,因此无法通过立体拍摄得到各光学标记点变形量,故通过撞击前后下锁连杆中心周围各测量点的挠度与侧撑杆和主配件附件连接处附近测得的挠度进行对比,结果显示下锁连杆的残余塑性变形量小于 0.5 mm,经对撞击

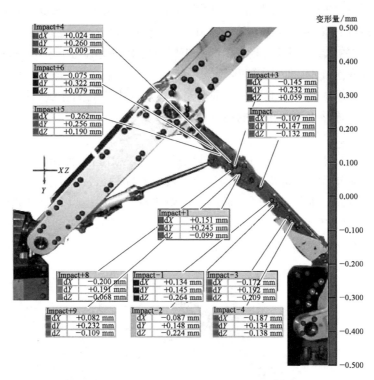

图 5.55　鸟撞后撞击点附近各标记点各向变形量

图 5.56　鸟撞后下锁连杆情况

部位的尺寸检查,锁连杆组件没有塑性变形。

　　对于解锁作动筒中心点,撞击试验通过解锁作动筒中心点位置,撞击后的解锁作动筒如图 5.57 所示,结构部件无断裂,解锁作动筒无液压泄漏现象,锁连杆处于正常的打开位置和锁定状态。在撞击过程中由于鸟弹碎片遮盖了部分测量标记点,无法通过立体拍摄得到各光学标记点变形量。故通过撞击前后下解锁作动筒中心周围各测量点的挠度与侧撑杆和主配件附件连接处附近测得的挠度进行对比,结果显示解锁作动筒的残余塑性变形量小于 0.5 mm,经对撞击部位的尺寸检查,锁连杆组件没有塑性变形。

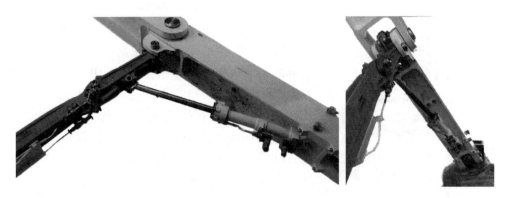

图 5.57　鸟撞后解锁作动筒情况

5.5.3　鸟撞起落架结构合格判定

鸟撞主起落架结构的试验有效性的判断:三次撞击试验的实际鸟重满足质量要求;三个撞击点的单次实测速度均在 144~147 m/s 范围内;三次试验的撞击点均在预计着弹点范围内。因此,三次试验均有效。

根据上述试验结果,结合某型运输类飞机起落架结构鸟撞适航验证试验大纲中的结构合格判据,三次撞击试验的结构塑性变形量均小于 5 mm,即认为起落架结构无塑性变形。因此,起落架结构满足 CCAR 25.571(e)(1)适航条款中相关要求。

5.6　机头 HUD 区域鸟撞适航审定

运输类飞机驾驶舱内安装的 HUD 属于飞机的新颖或独特设计,其抗鸟撞设计应满足适航规章 CCAR - 25 - R4 中的 25.601 的条款要求。一般情况下,HUD 区域与机头结构鸟撞适航审定验证试验一并考虑和实施。为区别于 5.1 节中机头结构的鸟撞适航审定因素,本节专门简要介绍 HUD 区域鸟撞适航审定相关关注点、符合性分析方法、流程及合格判据等内容。

某型飞机在驾驶舱内安装了 HUD,该 HUD 由投影仪和组合仪构成,相对驾驶员座椅的关系如图 5.58 所示,位于驾驶员头顶区域的为投影仪,位于驾驶员头部前方

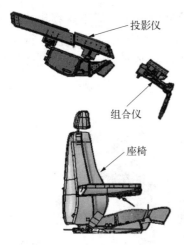

图 5.58 驾驶舱内 HUD 与座椅的位置示意图

的为组合仪。组合仪的屏幕有三个位置,如图 5.59 所示,其中: 收起位置适用于 HUD 收起状态并锁定;展开位置适用于 HUD 正常使用时状态;分离位置一般是为了避免应急着陆情况下驾驶员头部碰撞组合仪或者减缓碰撞伤害,而使组合仪能自动向前偏折的最靠前状态并可自动锁定,在正常情况下不使用该位置。由于 HUD 安装于机头结构内部,因此取与鸟撞机头结构相同的撞击工况,即 HUD 结构须在 1.8 kg 的鸟体以 180~183.6 m/s(撞击速度误差在 2% 以内)的速度撞击后不对驾驶员产生任何安全影响。

结合 HUD 设备功能及其安装位置的布局特征,并根据鸟撞机头结构的适航要求,考虑以下三次 HUD 抗鸟撞验证试验。

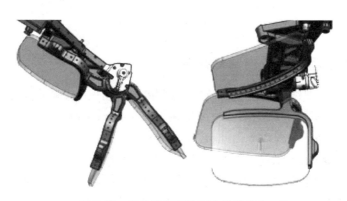

图 5.59 组合仪屏幕的三个位置状态

撞击位置 1: 鸟体撞击 HUD 组合仪连接到机头结构上的位置(组合仪处于收起位置的临界状态)。除确保机头结构满足 25.571(e)(1)规定的要求外,组合仪不得脱落或变形伤及驾驶员,或者产生碎片/尖角锐边影响到驾驶员;

撞击位置 2: 鸟体撞击 HUD 投影仪连接到机头结构上的位置。除确保机头结构满足 25.571(e)(1)规定的要求外,投影仪不得脱落或者变形伤及驾驶员,或者产生碎片/尖角锐边影响到驾驶员;

撞击位置 3: 除上述组合仪与机头结构连接位置外,组合仪转轴转至向前偏折的最靠前分离位置(前方的位置为风挡,此处组合仪与风挡之间的间隙最小),确保当鸟体撞击风挡该位置时,风挡的变形和冲击不致影响到组合仪,使组合仪发生强迫变形或偏转,从而影响驾驶员。

撞击位置 1 的鸟撞试验后,结合高速摄像和试验结果检查,未发现鸟体穿透进入驾驶舱,假人上也未有任何的碎片痕迹,组合仪未发生脱落或破坏产生玻璃碎片。唯一非预期的结果是组合仪最初在收起位置,在经受鸟撞后锁定装置松脱并自动向展开位置偏折,但组合仪的偏折和锁定功能完全正常,且组合仪偏折没有影响到驾驶员头部,如图 5.60 所示。因此,判定该工况下的鸟撞试验成功。

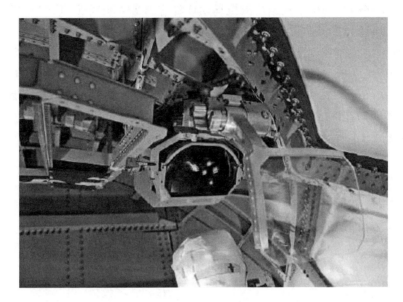

图 5.60　工况 1 下组合仪鸟撞试验结果

在撞击位置 1 的试验结果基础上,进行撞击位置 2 的鸟撞试验,结合高速摄像和试验后检查,组合仪完好,其玻璃屏幕也完好,未发生玻璃飞溅。投影仪未发生脱落,也没有产生过大变形影响到驾驶员头部,假人上也没有任何碎片痕迹;但发现蒙皮发生了塑性变形,局部产生裂纹,导致少量鸟体从蒙皮铆钉孔缝隙进入结构内部,溅落至平铺有大纸张的驾驶舱地板上。评估认为飞机驾驶舱与机体结构之间安装的内饰板可以阻止该少量鸟体进行驾驶舱内部。因此,判定该工况下的鸟撞试验成功。同时,结合高速摄像,发现机头蒙皮产生的局部裂纹是蒙皮向内变形,与投影仪上某螺栓发生碰撞摩擦所致。因此,为进一步减少机头结构损伤,后续在该区域需进行设计优化,采取措施避免蒙皮与螺栓变形,从而避免产生局部裂纹。

对于撞击位置 3,根据风挡玻璃的鸟撞试验结果,发现最严酷条件下的最大变形仍然小于组合仪与风挡之间的最小间隙。因此,可认为工况 3 满足抗鸟撞适航要求。

经过上述试验和分析,可认为 HUD 安装位置布局在鸟撞情况下不会影响驾驶员,其余鸟撞试验有效性合格判定同 5.1.4 节。因此,机头 HUD 区域满足 CCAR 25.601 适航条款要求。

5.7 发动机吊挂结构鸟撞适航审定

运输类飞机发动机吊挂结构的抗鸟撞设计应满足适航规章 CCAR - 25 - R4 中的 25.571(e)(1)的条款要求。

根据某型运输类飞机的飞行性能和速度包线,发动机吊挂前缘结构需在 1.8 kg 的鸟体以 180~183.6 m/s(撞击速度误差在 2% 以内)的速度撞击后仍能成功完成该次飞行。本节主要关注发动机吊挂前缘结构的鸟撞验证试验及其剩余强度分析,表明吊挂前缘结构对适航条款的符合性。发动机吊挂及前缘结构部件(指形罩)如图 5.61 所示。

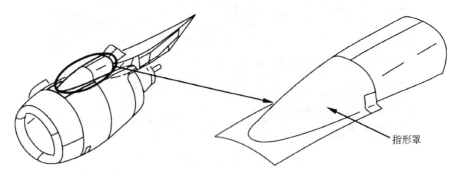

图 5.61 发动机吊挂及前缘结构示意图

根据发动机吊挂的鸟撞事件统计及结构设计特征,确定某型发动机吊挂前缘结构的 16 个危险分析点,通过鸟撞有限元分析(包括鸟撞后的结构剩余强度分析),确定两个关键薄弱位置进行鸟撞试验验证,如图 5.62 中位置 1 和位置 2,其中位置 1 是考察鸟撞穿透的关键区域,位置 2 是考察指形罩变形导致关键系统线束间隙变化的典型区域。

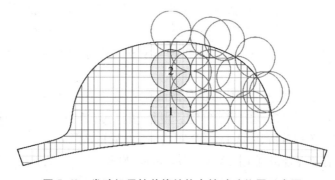

图 5.62 发动机吊挂前缘结构鸟撞试验位置示意图

多数情况下飞机的水平中心线与发动机的水平中心线并不重合(有一定的俯仰角和偏航角),因此,一般考虑鸟体沿飞机逆航向撞击发动机中心线最小俯仰角下的目标位置(最严酷工况)。发动机吊挂的固定安装和位置调整通过带有刚硬支承点的测试台实现,如图 5.63 所示。

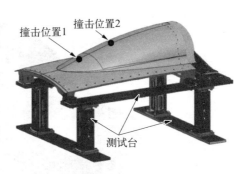

图 5.63 吊挂前缘结构鸟撞测试台示意图

试验设备包括空气炮系统、控制系统、冷瞄仪、激光测速系统、测试系统、摄影系统、鸟弹收集器,详细描述见 4.3 节。除此之外,考虑到发动机吊挂整流罩内部的燃油和电缆等系统管线功能,吊挂前缘结构必须防止遭鸟撞后被穿透破坏或者没有穿透但过度变形而导致整流罩内部的密封支承件碰触到系统线路。因此,在撞击位置区域根据指形罩内部线束布局特征及密封支承件与线束之间的间隙,在内部布置一组偏转探针阵列,用于测量指形罩在鸟撞过程中的变形扰度,如图 5.64 所示。偏转探针包括一个极柔软的尖端和极低强度的轴,确保探针如果接触指形罩也不会损坏指形罩,但会在指形罩内侧留下彩色标记,这表明指形罩变形量超过了该间隙值,其测量精度取决于探针阵列的间隔。

图 5.64 指形罩变形量测量探针阵列

根据上述试验项目、试验设备、试验测量以及试验流程等规划和要求。指形罩罩体在撞击试验过程中向下变形,使得罩体与密封支承件发生接触,但罩体和密封支承件均未与偏转探针接触(表明指形罩变形量小于其与系统管路的间隙,不会接触到内部的系统管路)。撞击后指形罩外形无可见损伤,内部也无损伤和痕迹,如图 5.65 和图 5.66 所示。

鸟撞发动机吊挂前缘结构的试验有效性的判断:两次撞击试验的实际鸟重满足质量要求,三个撞击点的单次实测速度均在 180~183.6 m/s 范围内,两次试验的撞击点均在预计着弹点范围内。因此,两次试验均有效。鸟体没有直接穿透指形

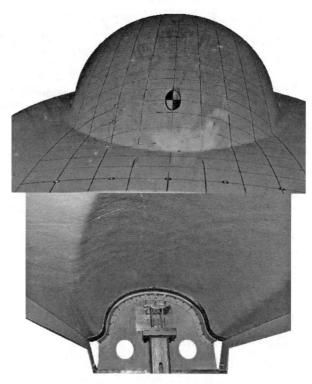

图 5.65　撞击点 1 鸟撞后指形罩外观和内部形貌

图 5.66　撞击点 2 鸟撞后指形罩外观和内部形貌

罩进入内部,指形罩变形量小于允许的变形量(探针未在结构件上留下标记)。

上述试验结果表明:鸟撞后指形罩罩体外部和内部结构均未发生破坏,并经有限元分析,罩体结构剩余强度满足要求,吊挂前缘结构在经受鸟撞后仍能成功完成该次飞行;撞击过程中指形罩变形量小于其与系统管路的间隙,不会接触到内部的系统管路。因此,发动机吊挂前缘结构满足适航条款 CCAR 25.571(e)(1)的要求。

5.8　发动机短舱结构鸟撞适航审定

运输类飞机发动机短舱结构的抗鸟撞设计应满足适航规章 CCAR‒25‒R4 中的 25.571(e)(1)的条款要求。

根据某型运输类飞机的飞行性能和速度包线,发动机短舱进气道结构需在 1.8 kg 的鸟体以 180~183.6 m/s(撞击速度误差在 2% 以内)的速度撞击后仍能成功完成该次飞行。本节主要关注发动机短舱进气道结构的鸟撞验证试验及其剩余强度分析,表明短舱进气道结构对适航条款的符合性。发动机短舱进气道结构如图 5.67 所示,主要包括唇口蒙皮、前后隔框和内外壁板等部件。

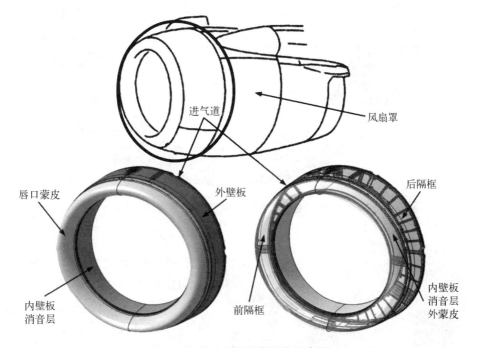

进气道

风扇罩

唇口蒙皮

外壁板

后隔框

内壁板
消音层

前隔框

内壁板
消音层
外蒙皮

图 5.67　发动机进气道结构示意图

根据发动机短舱的鸟撞事件统计及结构设计特征,确定某型发动机短舱进气道结构的 24 个危险分析点,通过鸟撞有限元分析(包括鸟撞后的结构剩余强度分析),确定两个关键薄弱位置进行鸟撞试验验证,如图 5.68 中 180°和 300°圆圈位置(图中共 6 个鸟撞分析圆圈区域,每个区域包括唇口蒙皮最前缘位置及由此及外的三个位置),其中约 180°方向唇口蒙皮最前端撞击点位置正对前隔框拼接连接处,且该位置的后隔框后侧有风扇舱油管线路;约 300°方向唇口蒙皮最前端外侧某处撞击点位置非常接近后隔框拼接连接处,且该位置的后隔框后侧有电子控制器线束。

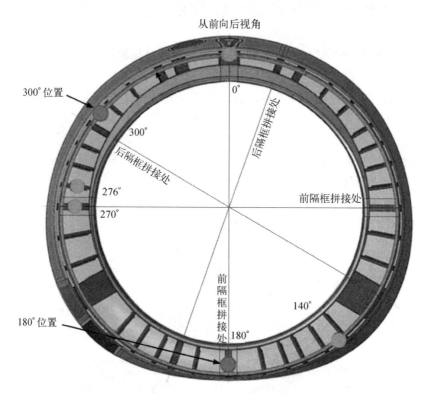

图 5.68　短舱进气道内部结构示意图(去除唇口蒙皮)

图 5.69　短舱进气道结构件的装夹测试台

试验设备包括空气炮系统、控制系统、冷瞄仪、激光测速系统、测试系统、摄影系统、鸟弹收集器,详细描述见4.3节。除此之外,短舱进气道结构件被安装于专用试验测试台,如图5.69所示,测试台一般可以实现试验件的平移和旋转调整,以便适应发射炮台的高度和准确定位撞击目标点,鸟体沿与发动机中心线平行方向撞击目标点,测试台尾部装有监测后隔框瞬时变形量的拍摄设备。

根据上述试验项目、试验设备、试验测量以及试验流程等规划和要求,在180°方向唇口蒙皮最前端撞击点位置,鸟撞后唇口蒙皮被向内压扁且唇口蒙皮被撕裂;鸟体撞击到前隔板上,前隔板受撞击向后弯曲,但未被穿透,内壁板靠近撞击点处的消音层出现分层;部分鸟体通过前隔板和外壁板之间被撕裂的开口喷射到后隔框表面,但后隔框未被穿透,结构保持完好,后隔框与外壁板的连接未分离,没有紧固件破坏,如图 5.70 所示。同时,鸟撞动态监测结果显示后隔框的最大位移约为 25 mm,远小于后隔框与油管线路之间的间隙。

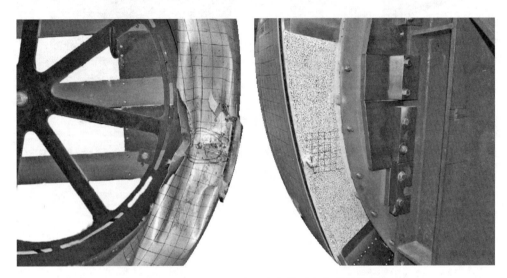

图 5.70　180°方向位置撞击点鸟撞后进气道结构损伤

在 300°方向唇口蒙皮最前端外侧某处撞击点位置,鸟撞后唇口蒙皮被向内压扁,部分唇口蒙皮和前隔框连接角材被撕裂;前隔框和外壁板分离,鸟体穿透进入进气道;部分鸟体从后隔框拼接处的间隙溅射到后隔框表面,但后隔框未被穿透,结构保持完好,后隔框与外壁板的连接未分离,没有紧固件破坏,如图 5.71 所示。同时,鸟撞动态监测结果显示后隔框的最大位移约为 20 mm,远小于后隔框与电子控制器线束之间的间隙。

鸟撞发动机吊挂前缘结构的试验有效性的判断:两次撞击试验的实际鸟重满足质量要求,三个撞击点的单次实测速度均为 180~183.6 m/s,两次试验的撞击点均在预计着弹点范围内。因此,两次试验均有效。鸟体没有穿透后隔框进入风扇舱;进气道结构不接触风扇舱内的关键系统线路;进气道结构在经受鸟撞后仍能成功完成该次飞行。

上述试验结果表明:进气道后隔框结构均保持完好,后隔框和外壁板之间的连接也保持完好,鸟体没有穿透后隔框;鸟撞过程中后隔框位移均较小,进气道结构部件不会接触风扇舱关键系统线路;同时根据有限元分析结果,发动机短舱进气

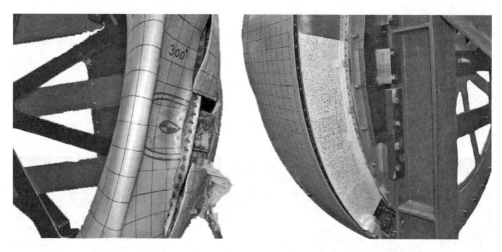

图 5.71　300°方向位置撞击点鸟撞后进气道结构损伤

道结构(包括唇口蒙皮、前后隔框和内外壁板)鸟撞后剩余强度满足设计要求,在经受鸟撞后仍能成功完成该次飞行。因此,发动机短舱进气道结构满足适航条款CCAR 25.571(e)(1)的要求。

第6章
鸟撞条款符合性设计验证技术展望

6.1 基于新材料新设计特征的符合性设计验证展望

根据国内外运输类飞机设计研制案例和规范,当前涉及鸟撞方面的新颖或独特设计特征有复合材料抗鸟撞结构和基于劈鸟原理的抗鸟撞结构(如垂尾前缘)等。经识别研究,认为上述新颖或独特设计特征对鸟撞条款要求不会产生影响,当前的适航规章是充分的,也无须为此制定专用条件,只是需要对其符合性验证工作进行以下特别考虑。

6.1.1 基于劈鸟原理的结构抗鸟撞设计

当前绝大部分的抗鸟撞设计是采用吸收鸟撞能量的原理,对鸟撞冲击高能量进行"硬堵",对飞机结构造成很大变形或损伤;而劈鸟原理则是采用"疏导"的方法,在飞机尾翼或机翼中加装了呈 V 型的内置前缘加强件,并将前缘蒙皮与三角支承结构铆接在一起。当尾翼或机翼受到鸟体撞击后,三角支承对鸟体进行切劈,分割鸟体的能量,分割后的残余鸟体沿翼面蒙皮层上下两面随气流滑走,变正面撞击为斜撞击,合理分散鸟体撞击的能量,降低机体吸收鸟撞能量。因此,较薄的前缘蒙皮通过变形失效吸收鸟体被分割后部分的能量,不但保护尾翼或机翼前梁不被击穿,还保证了尾翼或机翼前缘内部结构的安全,并且由于其变形较小,阻止了蒙皮的塌陷,使前缘结构不会产生优化设计前出现的极大变形,尽可能地保持了尾翼或机翼前缘的气动外形,有效提高结构的抗鸟撞性能。

该结构设计特征的鸟撞符合性验证与常规设计特征并无明显差异,但由于飞机设计的减重要求,额外增加的 V 型加强件必然引起飞机的增重,需对加强件采取"减重孔"等措施,平衡刚度与重量的问题。因此,在对基于劈鸟原理的结构进行抗鸟撞设计验证时,主要需额外考虑鸟撞鲁棒性,即鸟撞位置、鸟撞角度(飞机攻角变化)的差异仍然保证鸟撞要求的符合性,覆盖所有关键位置点的抗鸟撞效果良好。

6.1.2 复合材料结构抗鸟撞设计

进行鸟撞实验室试验时,机体结构并未同时承受飞机在空中时的载荷,但实际上飞机在空中遭遇鸟撞时机体结构会承受相应的飞行载荷。如果该机体结构是金属材料,经验表明地面鸟撞试验情况可以模拟和代表飞机在空中遭遇鸟撞的情况。然而,复合材料的性能不同于金属材料,如果对复合材料结构进行地面鸟撞试验时,仍然采用类似于金属结构的鸟撞地面试验方式,结果可能会有较大的差异。已有的研究文献表明,预加载情况下对复合材料结构的高速冲击损伤形式和损伤机理均有影响[1-3]。历史经验表明,对于金属材料,是否考虑预加载情况对鸟撞的影响很小,但对于复合材料,是否考虑预加载对鸟撞结果的影响较大。因此,复合材料抗鸟撞结构需要考虑预加载的影响。

另有研究文献表明,复合材料在湿热环境下长期暴露后(几周或几个月),最终会吸收足够量的水分[4-7]。这种被吸收的水分可能造成结构尺寸变化(膨胀),降低聚合物的玻璃化转变温度,并降低与基体和基体/纤维界面有关的复合材料力学性能。相关试验研究结果表明,复合材料的吸湿性影响层间剪切强度、冲击后压缩强度、开孔拉伸强度以及其破坏模式等。因此,飞机复合材料结构的设计必须要考虑使用寿命期间可能的湿热环境对结构力学性能的降低。相关研究成果表明,湿热老化引起的力学性能退化只取决于材料的吸湿量,而与导致该吸湿量的湿热历程(任务剖面)无关;合理的飞机复合材料设计必须考虑的吸湿状态均选择相当于85%相对湿度(RH)的平衡吸湿量;相关的适航符合性验证的试验计划需要进行不低于室温的浸润处理,以此来表明结构老化的适航符合性。基于上述情况说明,虽然飞机复合材料结构的设计已经考虑吸湿性,但具体到结构的鸟撞情况,也应当考虑湿热等环境对鸟撞符合性验证的影响。

6.2 人工鸟弹研制技术展望

6.2.1 人工鸟弹的研究意义

国际上在适航鸟撞验证试验中一般使用家禽替代真实飞鸟,按相关适航条例要求控制其质量,并制作成形状较为规整的鸟弹,利用空气炮发射鸟弹撞击固定在刚性承力构件上的试验件,通过试验数据和试验后的结构破坏检查,来评估结构的抗鸟撞能力。例如,对于机翼、风挡的抗鸟撞试验使用1.8 kg的活鸡,对于尾翼的抗鸟撞试验使用3.6 kg的活鸡;但是使用活鸡试验后现场环保性很差,经济成本较高且活鸡鸟弹重复性差；特别是在非验证性的结构抗鸟撞研究试验中，如果使用禽类鸟弹进行试验，其个体差异（密度、外形等）会对试验结果产生一定的影响，使得试验结果很难与数值分析结果进行相关性分析。为提高鸟撞试验的可重复性，国外开始在研究性鸟撞试验中使用一种密度均匀、外形规则的仿真鸟弹模拟真实鸟体。

1981 年，J. S. Wilbeck 在其论文中阐述了明胶混合物可以作为鸟体的一种替代物，但是并未给出明确的明胶配方[8]。C. H. Edge 等在分析鸟体的生物特征和力学特性时，将明胶鸟弹作为典型人工鸟弹进行了试验和仿真的验证，提供了大量试验数据[9]；M. A. Lavoie 于 2009 年在论文中详细提出了明胶鸟弹的制作方法，公布一种经典鸟弹配方，并通过试验和数值模拟的方法，验证了该配方的有效性[10]。此后众多学者在此基础上对明胶鸟弹配方性能进行了改进研究，明胶鸟弹作为仿制鸟弹的有效性已经得到较大认可。目前学者们普遍认为：密度为 950 kg/m³、孔隙率约为 10% 的明胶鸟弹可以较好地模拟真实活鸟的撞击行为[11-15]。

国内鸟撞试验方法研究起步较晚，鸟撞试验大多数仍以现宰的家禽作为鸟弹，明胶鸟弹仅用于少量试件靶板的性能分析试验研究中，并未得到广泛使用。目前中国飞机强度研究所和西北工业大学等单位进行了明胶鸟弹的相关性能试验，并对比了明胶鸟弹与活鸡鸟弹撞击试样靶板的破坏模式和动态响应[16-19]。

鸟体替代物的研究有很长的历史，但是由于真鸟肌体组织结构的高度复杂性，鸟体替代物至今仍没有令人完全信服的结果。尽管如此，多国学者们仍然尝试研究各种仿制鸟弹的冲击特性，以期找到一种与活鸟试验结果类似的仿制鸟弹，以降低试验风险和经济成本，提高环保性和试验环境舒适度。特别是在人工鸟弹代替真鸟鸟弹进行飞机结构抗鸟撞试验没有得到适航审定部门的认可之前，可以为结构初步设计方案验证和数值方法评估作为辅助参考结果，并认为这将是鸟撞试验新技术的重要发展趋势之一。明胶鸟弹与活鸡鸟弹样品如图 6.1 所示。

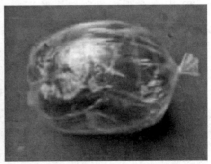

图 6.1　明胶鸟弹与活鸡鸟弹样品

6.2.2 人工鸟弹研制及试验验证

以明胶作为主要成分的人工鸟弹最具代表性,在经典鸟弹配方基础上,加入一定比例的聚苯乙烯(PS)发泡粒子,用于调节明胶鸟弹的密度。根据优化后的人工

图 6.2 明胶鸟弹制备模具

鸟弹配方,按配比称取各自原料的质量;混合并加热搅拌,直至完全溶解形成气泡均匀的胶状物;将混合物从烧杯中倒入长径比为 2 为模具中(图6.2),冷却后放入冰箱中冷藏。试制完成的典型明胶鸟弹如图 6.3 所示,明胶鸟弹制作记录和质量检验详见附表 E 和附表 F。选用与鸟弹体积相匹配的定制泡沫弹托,以保证其在空气炮中的形状,如图 6.4 所示。

图 6.3 1.8 kg 明胶鸟弹

图 6.4 泡沫弹托

对于质量为 1.8 kg 左右的鸟弹,可以选择尺寸为 600 mm×600 mm×12 mm 的2024 - T3 铝合金靶板进行撞击验证试验,其试验装夹、响应测试以及空气炮发射系统如 4.3 节中描述。

根据 CCAR - 25 - R4 中飞机结构抗鸟撞适航条款要求,假设鸟撞速度为180 m/s;同时为验证明胶鸟弹的物理性能,将明胶鸟弹与活鸡鸟体的撞击过程及影响结果进行对比分析。实测明胶鸟弹和活鸡鸟体的质量均在 1.8~1.81 kg 范围内,撞击速度均在 180~183.6 m/s 范围内。明胶鸟弹和活鸡鸟体在撞击铝合金板过程中在六个典型时刻的瞬时状态和最终结果如图 6.5 和图 6.6 所示。

图 6.5 中,左图为活鸡撞击状态,右图为明胶撞击状态。$T=0$ ms 时,两者均即将接触靶板;$T=0.5$ ms 时,两者与靶板接触,包裹物无纺布破裂,靶板出现较大变

(a) T=0 ms 时刻

(b) T=0.5 ms 时刻

(c) T=1.0 ms 时刻

(d) T=1.5 ms 时刻

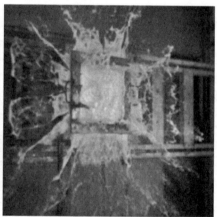

(e) T=2.0 ms 时刻

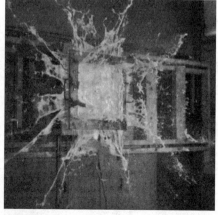

(f) T=2.5 ms 时刻

图 6.5　高速冲击下活鸡与明胶高速撞击瞬态对比

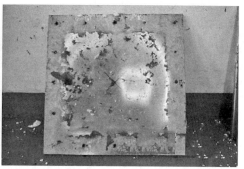

图 6.6　活鸡与明胶撞击后靶板形貌

形;$T=1.0$ ms 时,鸟体完全解体,呈流体状向四周扩散,部分流体通过夹具靶板之间的缝隙渗出,明胶鸟体渗出量较活鸡更多,这是由于明胶鸟体形状规则且易碎,易于从缝隙中渗出,但是活鸡中存在骨架、羽毛等不易破碎物,因而渗出量较小,随后鸟体继续向四周发散,应力波在靶板内部来回反射。整个撞击过程中,高速摄像中的明胶鸟弹与活鸡具有较好的撞击瞬态相似性,均呈流体状向外发散。图 6.6 中,左侧的活鸡撞击靶板上血迹四溢、异味四散,造成试验环境恶劣和环保性差。为了更好地定量分析两者的性能相似性,对比明胶鸟弹和活鸡鸟体试验以及仿真的应变和位移信号,但由于在高速撞击过程中,应变片容易振落,因此应变和位移信号一般只取有效值。

1) 位移信号

明胶鸟弹和活鸡鸟体高速撞击 12 mm 厚的 2024-T3 铝合金板靶板背面中心点(D1)和距中心点 100 mm(D2)处的位移信号对比如图 6.7 和图 6.8 所示。可以

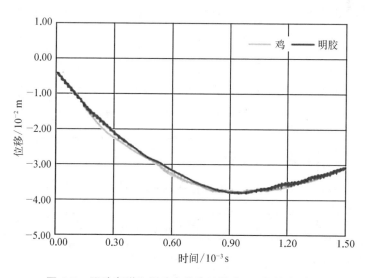

图 6.7　明胶鸟弹和活鸡鸟体高速撞击 D1 处位移对比

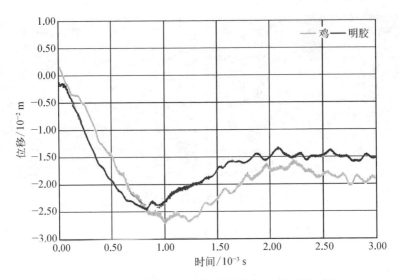

图 6.8　明胶鸟弹和活鸡鸟体高速撞击 D2 处位移对比

看出：在 D1 处活鸡鸟弹与明胶鸟弹试验曲线基本重合，活鸡鸟弹位移谷值为 -0.037 89 m，明胶鸟弹位移谷值为 -0.037 99 m，两者误差仅为 0.264%；在 D2 处活鸡鸟弹与明胶鸟弹试验曲线趋势基本相同，但是谷值略有差距，活鸡鸟弹产生的位移量更大，活鸡鸟弹位移谷值为 -0.027 3 m，明胶鸟弹位移谷值为 -0.024 50 m，两者误差较大为 10.25%。

　　2）应变信号

　　明胶鸟弹和活鸡鸟体高速撞击 12 mm 厚的 2024 - T3 铝合金板靶板背面六处应变测量点的有效信号（S4、S5 和 S6 测量点）对比如图 6.9、图 6.10 和图 6.11 所示。

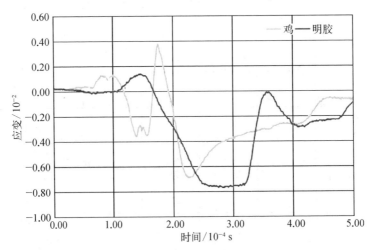

图 6.9　明胶鸟弹和活鸡鸟体高速撞击 S4 处应变对比

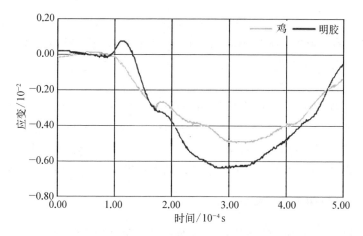

图 6.10　明胶鸟弹和活鸡鸟体高速撞击 S5 处应变对比

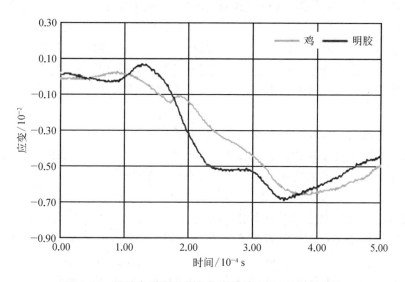

图 6.11　明胶鸟弹和活鸡鸟体高速撞击 S6 处应变对比

可以看出：S4 测量点的活鸡鸟弹与明胶鸟弹试验曲线趋势基本相同,但是谷值略有差距,明胶鸟弹在此点处产生的应变较大,活鸡鸟弹应变谷值为-0.006 932,明胶鸟弹应变谷值为-0.007 698,两者误差为 9.95%;S5 测量点的活鸡鸟弹与明胶鸟弹试验曲线趋势基本相同,但是谷值略有差距,明胶鸟弹在此点处产生的应变较大,活鸡鸟弹应变谷值为-0.004 93,明胶鸟弹应变谷值为-0.006 33,两者误差为 22.1%;S6 测量点的活鸡鸟弹与明胶鸟弹试验曲线趋势基本相同,活鸡鸟弹应变谷值为-0.006 600,明胶鸟弹应变谷值为-0.006 957,两者误差为 5.4%。

　　根据 4.3.1.2 节的撞击响应测量点布置位置示意图(图 4.7)和图 6.7~图 6.11 的对比分析结果,发现位于纵向中轴线上的测量点误差较小(在 10% 以内),

包括 D1 中心点位移、S4 和 S6 测点应变;而位于横向中轴线上的测量点误差较大,包括 D2 测点的活鸡鸟弹响应值和 S5 测点的明胶鸟弹响应值均偏大,即明胶鸟弹和活鸡鸟弹在高速撞击靶板时存在一定的纵横向测点响应误差差异。造成该现象的原因主要是弹体实际弹着点有偏差,也不易精确定位测量,同时活鸡鸟体的生物组织也不似明胶的均匀,故撞击区域明胶鸟弹和活鸡鸟体高速冲击产生的局部位移和应变偏差有时相对较大。从总体上看,明胶鸟弹撞击试验与活鸡鸟体撞击试验曲线具有相似的变化趋势,故可以判定该配方的明胶鸟弹与活鸡鸟弹具有较好的相似性结果,因而在特定工况下(如高速撞击情况下)代替活鸡进行鸟撞试验。

6.2.3　人工鸟弹研制要素

飞机结构抗鸟撞审定认证的目的是确保飞机和单个飞机部件能够承受运行中可能遇到的可接受的鸟撞,旨在代表所有可能发生撞击的各鸟体物种的单一测试都是为最终测试而进行的准备工作。有人质疑:没有一种人工鸟弹能够再现真鸟发生鸟体碰撞的复杂性,而使用人工鸟弹提供的优势(标准化测试)也将导致测试的准确性和代表性降低。事实上,几乎任何性别、年龄或状态的鸟种都可能发生鸟撞。如果使用真实的鸟体来获得碰撞影响的有效统计结果,则必须进行多次重复测试,这是一个经济、时间、人力和环境等成本都非常昂贵的过程,减少对野生动物的试验需求也是研制人工鸟弹替代品的重要价值目标。

由于真鸟在鸟撞试验中存在的诸多问题和人工鸟弹真实存在的使用需求,人工鸟弹作为替代鸟体在航空航天工业中已有较多使用,但各使用单位都基于各自的鸟体设计标准开发,而不是基于真实鸟体的生物特征参数,因此人工鸟弹性能测试可能无法反映真实鸟撞中可能出现的损害,国际上也还没有形成统一的人工鸟弹研制标准和审定要素及流程。目前,美国 SAE 成立了撞击和吸入试验用模拟物委员会(SAE G-28 Simulants for Impact and Ingestion Testing Committee),包括波音公司、福克公司、通用电气公司、霍尼韦尔公司和普惠公司在内的行业代表,加入了来自 FAA、EASA 和美国国家航空航天局的代表,德国航空航天中心和戴顿大学研究所等学术和研究机构参与了该委员会。委员会阐述了人工鸟弹测试标准和合规性的必要性,以表明当对照飞机结构和发动机进行测试时,人工鸟弹具有与真鸟相同的力学特性。委员会采用了积木式的方法,从简单到复杂进行层层测试,以显示真实鸟体和人工鸟弹之间的物理性能等效性;当前已确定了几个关键的力学特性参数,并定义了一个测试金字塔,以期后期形成航空航天标准和推荐做法。

根据国际鸟撞委员会鸟撞研究小组的研究进展,每个鸟弹替代品都是特定物种或一定范围内物种的密度、质量、大小、形状以及生物组织的精确表示。生物组织识别数据从大量常见的鸟类物种中获得,从 30 g 左右的家雀到 8 kg 左右的天鹅,开发了一系列代表数据库中的单个物种或系列物种的设计,用户可以选用特定组别的参数适用于相应的鸟体性能测试,并期望行业内以具体组别的参数值作为最具代表性的人工鸟弹撞击性能测试达成共识,以便所有组织都将应用该人工鸟弹设计参数。例如,鸟种肌体组织的韧性或者抗分裂性被认为是影响冲击效果的重要生物特征参数之一,通过海绵与明胶的混合设计,可以模拟冲击后鸟体碎片,并调节明胶的浓度来控制人工鸟弹的黏度与真实鸟肉的黏度相当,这样产生的鸟弹碎片与真实鸟体撞击产生的碎屑更为相似。

鸟撞研究小组列出了发生鸟撞频次较多的鸟种,收集了每个物种常见的 10 种鸟类的密度、质量、形状和大小的数据,确定整个物种在质量和密度以及质量和直径之间的关系。通过这种方式,可以为审定监管等机构规定的任何鸟体试验质量计算人工鸟弹的密度和直径,其代表所有可能发生鸟撞的鸟类;或者密度和直径的平均值可以取自质量接近当前认证质量的物种子集,而不是整个物种范围;或者甚至取自质量接近审定认证质量的单一常见物种。如果需要进行更严格的测试,则可将这个物种子集中密度最大的鸟种作为人工鸟弹设计研制的基础。对于不同的试验工况,使用鸟弹长度的精确值可能是合适的(如在撞击平板时,撞击时间历程很重要);或者鸟弹直径可能是最关键的参数(如当测试旋转翼型的切断效果时,只要获得所需质量的鸟体切片,长度就无关紧要,精确的直径是最重要的)。因此,设计的鸟体可以有多种不同的形状,以便在试验验证中选用多种鸟弹设计方案并确定最合适的质量、密度、直径和长度值。实际上,鸟体内部组织结构是非均匀的,其密度也是变化的,而这些因素在人工鸟弹设计过程中也常被忽略;如果精确模拟真实鸟体,则需考虑鸟体内部密度的变化(如组织结构的非均匀性)。

通常情况下,人工鸟弹由主要成分明胶和必要的辅助添加物制成。国际鸟撞研究小组已经尝试研制的人工鸟弹制造材料有带密封的软明胶、明胶和聚苯乙烯包合物、明胶和油胶囊、明胶和短纤维夹杂物、明胶和短纤维夹杂物、硬明胶壳和软明胶芯、泡沫明胶或海绵基明胶等,但由于不能承受发射力而变形、很难稳定制造、物理属性与真鸟非常不匹配、结构组织很不均匀等原因,使得大多数替代材料不能满足使用要求,目前仅泡沫明胶或海绵基明胶材料符合替代材料的基本要求,且处于进一步测试中,其鸟弹研制工艺目前还没有标准化流程,致使研制的人工鸟弹在制造符合性方面缺乏一致性,且有时性能差异较大。

人工鸟弹撞击测试设施的标准化也是人工鸟弹设计和性能测试的要素之一,目前已有气炮冲击试验(主要用于发射性和易损性研究)、压缩比较测试(主要用于低速和高速应变率特征测量)、体积模量对比试验(主要用于冲击力测试)、孔板比较试验(主要用于黏度/剪切强度比较)等人工鸟弹性能测试设备的研究和应用,但在这些设备设施的标准化设计和使用规范方面还没有形成统一标准。

6.2.4 人工鸟弹审定展望

基于上述人工鸟弹研制要素分析以及我国人工鸟弹试制及试验结果,人工鸟弹审定认证工作可能主要着力于以下几方面:

(1) 鸟弹质量/形状与真鸟一致性判定;

(2) 制造生产的鸟弹物理性能稳定性判定;

(3) 鸟弹必须承受发射压力并保持形状一致性判定;

(4) 鸟弹特性与真实鸟体流体特性一致性判定;

(5) 鸟弹在鸟撞试验中对结构材料特性变化的一致性判定;

(6) 鸟弹冲击后必须像真鸟撕裂形貌一致性判定;

(7) 鸟弹必须具有与真鸟相似的强度和冲击压力判定;

(8) 鸟弹与真实鸟体在鸟撞试验时的动态响应一致性判据;

(9) 鸟弹撞击试验与仿真分析符合性判据;

(10) 鸟弹在非全尺寸的替代性鸟撞试验中的有效性判定;

(11) 鸟弹撞击试验装置及试验方法的符合性判据。

综上所述,人工鸟弹替代品的研制将有助于协调开发测试和审定认证测试之间的测试标准,并减少测试可变性,有助于更好地理解鸟撞飞机的机理;同时通过人工鸟弹的审定认证工作,也将有助于设计更具"弹性"的人工鸟弹并提高航空运行安全。

参考文献:

[1] 李宏运.复合材料在民机应用中有关适航问题的探讨[J].航空制造技术,2009(16): 26 - 29.

[2] 冯维熹.关于民机材料适航性问题的讨论[J].航空标准化与质量,2002(1): 42 - 45.

[3] 袁文明,刘颖.民机材料适航要求与标准化需求[J].航空标准化与质量,2010(2): 19 - 21,36.

[4] 刘晓华.复合材料环境影响的适航分析[J].航空标准化与质量,2013(4): 32 - 34.

[5] 邹田春,冯振宇,陈兆晨,等.民机复合材料结构适航审定现状[J].材料导报,2010, 24(21): 94 - 96.

[6] 杨文锋,颜影,唐庆如,等.民机复合材料应用及维修的适航验证与审定研究进展[J].材料导报,2013,27(7): 106 - 109,126.

[7] 杨文锋.通用航空复合材料维修及适航验证的进展及探讨[J].玻璃钢/复合材料,2014(5): 87 - 91.

[8] Wilbeck J S, Rand J L. The development of a substitute bird model [J]. Journal of Engineering for Power, 1981, 103(4): 725 - 730.

[9] Edge C H, Degrieck J. Derivation of a dummy bird for analysis and test of airframe structures [J]. Proceedings of Bird Strike, 1999, 5(10 - 13): 242 - 252.

［10］ Lavoie M A, Gakwaya A, Ensan M N, et al. Bird's substitute tests results and evaluation of available numerical methods［J］. International Journal of Impact Engineering, 2009, 36(10 – 11) : 1276 – 1287.

［11］ Zakir S M, Li Y. Dynamic response of the leading edge wing under soft body impact［J］. International Journal of Crashworthiness, 2012, 17(4) : 357 – 376.

［12］ Shupikov A N, Ugrimov S V, Smetankina N V, et al. Bird dummy for investigating the bird-strike resistance of aircraft components［J］. Journal of Aircraft, 2013, 50(3) : 817 – 826.

［13］ Srinivasan K, Channankaiah, Johnson G P. Simulation analysis and material optimization of an aircraft wing leading edge when subjected to an artificial bird strike ［J］. Journal of Computational and Nonlinear Dynamics, 2015, 10: 1 – 5.

［14］ Dar U A, Awais M, Mian H H, et al. The effect of representative bird model and its impact direction on crashworthiness of aircraft windshield and canopy structure［J］. Proceedings of the Institution of Mechanical Engineers Part G Journal of Aerospace Engineering, 2019, 233(14) : 5150 – 5163.

［15］ Pernas-Sánchez J, Artero-Guerrero J, Varas D, et al. Artificial bird strike on Hopkinson tube device: Experimental and numerical analysis［J］. International Journal of Impact Engineering, 2020,138: 1 – 13.

［16］ 刘小川,郭军,孙侠生,等. 用于鸟撞试验的仿真鸟弹研究[J].实验力学,2012,27(5): 7.

［17］ 刘小川,王计真,白春玉. 人工鸟研究进展及在飞机结构抗鸟撞中的应用[J].振动与冲击,2021,40(12): 80 – 89.

［18］ 刘洋,郭军,刘小川. 基于人工鸟的发动机叶片外物损伤试验关键参量控制方法研究[C].北京: 2019 年(第四届)中国航空科学技术大会,2019.

［19］ 单斌. 基于刚性靶冲击试验的人工鸟材料参数识别研究[D].南京: 南京航空航天大学,2014.

附录 A
我国鸟类环境概况

　　我国在动物地理区划分上属于古北界和东洋界,广袤的地域和多样的环境为鸟类生存和繁衍提供了得天独厚的条件,因此涉及飞机鸟撞事件的鸟类也很多。自 1990 年以来,我国民航鸟撞事件与鸟撞事故征候总体上均呈上升趋势,特别是近年来,随着中国民航局、中国民航各地区管理局等监管部门和机场等运行单位对鸟撞航空器问题重视程度的不断加强,对机场野生动物管理工作的投入逐渐加大,机场鸟撞防范水平也有了较大提高。我国各地区的多个机场都陆续开展了日常鸟情巡视记录和机场及周边地区生态环境调查,比较深入地了解了机场所在区域的鸟情基本状况。

　　根据民航系统收集到的鸟撞航空器信息,目前对各种鸟类撞击航空器的威胁情况和威胁程度等研究成果较少,更缺乏在全国层面上对鸟类撞击航空器的整体威胁情况的统计分析,需要继续在收集分析全国各地机场鸟撞信息、鸟情资料的基础上,结合我国鸟类活动特点,分析确认在我国鸟撞威胁地区较广、威胁程度较为严重的鸟类,特别要把以集群活动的鸟类作为重点关注和防范的鸟种,从而全面掌握我国鸟情分布情况,指导鸟撞防范实践工作和科研工作更有实效性和目的性地开展,实现生态环境和谐共融和航空运输安全高效的双赢目标。

　　根据 2006~2017 年全国民航七大地区涉及的十个民航机场的鸟情记录信息、生态环境调查报告、鸟撞事件报告信息等鸟情资料,结合各种鸟类及其鸟撞航空器密切相关的生物学特点,总结了我国民航机场常见鸟群分布的普遍情况,对常见鸟群分布、高危鸟类活动的威胁情况进行分析,发现鸟撞的多发物种有家燕、家鸽、麻雀、红隼及蝙蝠等。这些物种在我国各地区、不同时段表现出不同的生活习性和行为特点,因不同的诱因来到机场及周边区域活动,对航空安全的与飞机威胁情况也各不相同。

　　1. 类群：燕类

　　鸟种：家燕　　Barn Swallow　　*Hirundo rustica*
　　　　　　金腰燕　　Red-rumped Swallow　　*Hirundo daurica*

分类：雀形目　燕科　燕属

分布地区：夏季几乎遍布全国。

鸟撞情况：2006~2017 年共统计到 231 起家燕或金腰燕等燕类造成的鸟撞事件，其中 1 起造成损伤。

体型：体型较小，特征如表 A.1 所示。

表 A.1　燕类鸟种体型特征表

鸟　种	体长/mm	体重/g
家燕	165(150~197)	15(13~22)
金腰燕	178(160~206)	20(18~30)

机场鸟群生态特点：燕类通常在每年 3~9 月在我国各地机场出现，迁徙经过或繁殖，家燕和金腰燕常结成数十只甚至上百只混群飞行，秋末南迁时甚至结成 100 只以上的大群飞行。活动高峰期为晨昏或天气即将变化的时候。在机场围界内的草地、跑道、滑行道、排水沟等处的上空飞行，偶尔在地面停落；在围界外的农田、草灌、水面或居民点上空飞行觅食，在枯树枝、围栏、房屋屋檐、柱子及电线上停落，飞行活动高度常见于 200 m 以下。

鸟情习性：燕类为我国常见的夏候鸟，夏季或春秋迁徙季节遍布我国各地。夏季燕类常栖息于村镇附近的田野和河岸边的树木上，亦常停栖于电线上。全天结群在田间、空旷地上空飞行，在高空滑翔及盘旋，或低飞于地面或水面捕捉小飞虫。大雨来临前会捕食低飞的昆虫；在雨过天晴空中飞虫很少的时候，也主动捕食停息在墙壁或掩蔽的昆虫，或在小片灌木林中穿梭般飞行，赶出停落在树干上的昆虫，在空中捕食。燕类在我国大部分地区每年繁殖两次，第一次大多在 4~6 月，第二次在 6~7 月，个别情况可延至 8 月或 9 月。燕类到繁殖地区后不久，即开始繁殖活动。家燕有用旧巢的习性，80%的家燕选择巢址营造新巢，约 20%的家燕沿用过去的旧巢。燕巢多筑于屋橼下或梁上，也有的巢底黏附在沿屋橼下墙壁横设的电线上，也有的筑于沙井壁上。

2. 类群：麻雀类

鸟种：麻雀 Eurasian Tree Sparrow　*Passer montanus*

分类：雀形目　文鸟科　麻雀属

分布地区：遍布全国各地。

鸟撞情况：2006~2017 年共统计到 133 起麻雀造成的鸟撞事件，其中 6 起造成损伤。

体型：体型较小，特征如表 A.2 所示。

表 A.2 麻雀类鸟种体型特征表

鸟　种	体长/mm	体重/g
麻雀	138(124~146)	23(20~26)

机场鸟群生态特点：麻雀在机场地区各种环境中都有活动,常见在机场机坪中觅食、栖息,在夏秋季杂草结籽时期活动最为频繁。常成 10 只左右小群,秋冬可结成上百只的大群活动。会在建筑物、设备缝隙,树洞、墙洞、灯罩中筑巢。麻雀飞行活动高度常见于 20 m 以下。在跑道附近的飞行活动极易被发动机吸入。对声学驱鸟设备、视觉驱鸟设备适应性很强。

鸟情习性：麻雀繁殖能力强,数量多,分布广。栖息环境很广,与人类生活关系密切。大多栖息在居民点或附近的田野,在固定的地方觅食或休息。晚上藏匿于屋檐洞穴中或附近的土洞、岩穴内以及村旁的树林中。总是三五只或更多地群集,生性机警。麻雀在我国为留鸟。每年 4 月开始繁殖。

3. 类群：云雀类

鸟种：云雀　Eurasian Skylark　*Alauda arvensis*
　　　　小云雀　Oriental Skylark　*Alauda gulgula*

分类：雀形目　百灵科　云雀属

分布地区：云雀繁殖在我国北方和西北、东北地区,冬季迁至东北南部、华东、东南地区。小云雀为留鸟,遍布我国中部以南的广大地区。

鸟撞情况：2006~2015 年共统计到 35 起云雀类造成的鸟撞事件,均未造成损伤。

体型：体型较小,特征如表 A.3 所示。

表 A.3　云雀类鸟种体型特征表

鸟　种	体长/mm	体重/g
云雀	176(170~185)	30(22~35)
小云雀	158(130~175)	31(24~60)

机场鸟群生态特点：云雀类在机场地区的草地、农田、灌丛等开阔地区常见 10 只左右。常见从围界内草坪中骤然自地面垂直起飞,直冲云霄。在草坪地面觅食,善在草地上疾走,并可见飞越跑道活动。夏季会在围界内草坪上栖息,在草地凹处营巢。飞行活动高度主要在 200 m 以下。

鸟情习性：云雀类喜栖息于开阔的环境,在草原和沿海地带的平原区尤为常见。多集群在地面奔跑,作为觅食和嬉戏活动,间或挺立并竖起冠羽,受惊时更是如此。云雀类与鹨类鸟常混群觅食。常骤然自地面垂直地冲上天空,升至一定高度时,稍稍浮翔于空中,而复疾飞直上。降落亦似上升的飞行状态,两翅常往上展开,随后突然相折,而直落于地面。云雀类巢多筑于荒坡、坟地、田间荒地、路旁和沙滩等开阔地面上。云雀类每年4~7月繁殖,3月、10月迁徙。

4. 类群:鹎类

鸟种:白头鹎 Light-vented Bulbul *Pycnonotus sinensis*

黄臀鹎 Brown-breasted Bulbul *Pycnonotus xanthorrhous*

分类:雀形目 鹎科 鹎属

分布地区:主要在长江以南广大地区,近年在华北地区也有出现。

鸟撞情况:2006~2017年共统计到11起鹎类造成的鸟撞事件,均未造成损伤。

体型:体型较小,特征如表A.4所示。

表A.4 鹎类鸟种体型特征表

鸟 种	体长/mm	体重/g
白头鹎	185(160~220)	34(26~43)
黄臀鹎	194(173~212)	32(27~40)

机场鸟群生态特点:鹎类常在机场地区的农田、树林、居民点活动,栖息于机场周边的林缘、灌丛、红树林及苗木林。性活泼,结10只左右群于果树上活动。有时在机场草坪活动或飞行穿越机场。鹎类在南方各地机场均为留鸟。飞行活动高度主要在100 m以下。

鸟情习性:鹎类在各地均为留鸟。多栖息于平坝、低山至中山带的沟谷林、混交林和次生阔叶林缘,也见于灌木丛、稀疏草丛、草地灌丛、针竹混交林或竹丛中,或活动于村寨农田附近的灌丛中,尤喜活动于果树上。多见十几只结集为群,有时多种鹎类混群活动。繁殖期为3~8月,营巢于次生林或灌木丛中。

5. 类群:雨燕类

鸟种:楼燕 Common Swift *Apus apus*

白腰雨燕 Fork-tailed Swift *Apus pacificus*

分类:雨燕目 雨燕科 雨燕属

分布地区:国内除新疆南部、西藏北部和西部外,全国均有分布。在我国大部分地区为夏候鸟或旅鸟,在华南、西南部分地区有留鸟。

鸟撞情况:2006~2017年共统计到13起雨燕类造成的鸟撞事件,均未造成损伤。

体型：体型较小,特征如表 A.5 所示。

表 A.5　雨燕类鸟种体型特征表

鸟　种	体长/mm	体重/g
楼燕	175(163~190)	34(25~41)
白腰雨燕	185(170~187)	44(34~49)

机场鸟群生态特点：雨燕类常在 4~6 月聚集成数十只甚至上百只的大群,在机场地区的草地、农田、林地上空盘旋,捕食飞虫,曾有在跑道端上空长时间聚集飞行的报道。飞行高度常见于 300 m 以下。在机场地区的树林、村庄栖息,在草地、农田、湿地觅食。在候鸟春秋迁徙季节常见于北方机场,全年常见于南方机场。

鸟情习性：雨燕类与燕类习性有相似之处,常结成大群飞行,在飞行过程中捕取空中飞虫为食。但与燕类不同的是,雨燕类四趾均向前方,因此通常不在水平面上活动,不会停落在机场跑道和机坪上。雨燕类飞行速度极快,可达 110 km/h,飞行常在高空,在晨昏和狂雨前后常听到其边飞边叫。雨燕类每年 4~8 月繁殖,常大量集中营巢于洞穴、悬崖峭壁或城墙、古建筑墙壁内。

6. 类群：鸻类

鸟种：金眶鸻　Little Ringed Plover　*Charadrius dubius*

　　　　东方鸻　Oriental Plover　*Charadrius veredus*

　　　　环颈鸻　Kentish Plover　*Charadrius alexandrinus*

分类：鸻形目　鸻科　鸻属

分布地区：夏季几乎遍布全国。

鸟撞情况：2006~2017 年共统计到 19 起鸻类造成的鸟撞事件,其中 2 起造成损伤。

体型：体型较小,特征如表 A.6 所示。

表 A.6　鸻类鸟种体型特征表

鸟　种	体长/mm	体重/g
金眶鸻	166(156~178)	36(30~45)
东方鸻	225(215~239)	90(79~105)
环颈鸻	160(155~174)	40(33~47)

　　机场鸟群生态特点：鸻类通常在机场围界内的草地、排水沟等环境活动，偶尔会上跑道、滑行道啄食昆虫和软体动物；也常见在围界外的鱼塘、庄稼地、污水池、湖泊、水库等水域活动。单独或成小群进食，常与其余涉禽混群于海滩或近海岸的多沙草地，也于沿海河流及沼泽地活动。迁徙期常集上百只大群。常在多种湿地环境的干燥处繁殖。常见在机场地区觅食、栖息。飞行活动高度常见于 100 m以下。

　　鸟情习性：鸻类通常活动于海边潮间带、河口三角洲、泥地、盐田、沿海沼泽和水田，以及在内陆的河岸沙滩、沼泽草地、河滨、多石河滩、盐碱滩和近水的荒地中。通常单独或 3~5 只小群，迁徙期多种鸻类常混群活动。每年 4~10 月繁殖，营巢于河心沙洲和近水滩地的地面凹陷处或杂草丛中。

　　7. 类群：戴胜

　　鸟种：戴胜　Common Hoopoe　*Upupa epops*

　　分类：佛法僧目　戴胜科　戴胜属

　　分布地区：全国各地均有分布。一般在江北为夏候鸟，在江南为留鸟。

　　鸟撞情况：2006~2017 年共统计到 4 起戴胜造成的鸟撞事件，均未造成损伤。

　　体型：体型中等，特征如表 A7 所示。

表 A.7　戴胜类鸟种体型特征表

鸟　种	体长/mm	体重/g
戴胜	273(247~310)	69(60~90)

　　机场鸟群生态特点：戴胜常在机场围界、电线上停落，在树洞、排水沟、道面或岩石缝隙中觅食，时有穿越跑道飞行。飞行高度常见在 50 m 以下。在机场地区的树林、村庄栖息，在草地、农田、湿地觅食。北方机场在候鸟春秋迁徙季节常见，南方机场全年常见。

　　鸟情习性：戴胜常单独或成对分散于平原或山区的开阔地、耕地、果园等区域，于开阔潮湿地面觅食。平时羽冠低伏，惊恐或激动时羽冠竖直。戴胜每年 3~6 月繁殖，于树洞或岩壁、堤岸、墙洞或缝中筑巢。在抱窝期，雌鸟负责孵卵，雄鸟负责给雌鸟提供食物。喂雏时双亲共同负责。育雏时，巢中常散发出难闻的臭气，这是雏鸟陆续排出液状粪便的原因。有研究报道，戴胜会在冬季进入冬眠状态。

　　8. 类群：椋鸟类

　　鸟种：灰椋鸟　White-cheeked Starling　*Sturnus cineraceus*

　　　　　　丝光椋鸟　Red-billed Starling　*Sturnus sericeus*

　　分类：雀形目　椋鸟科　椋鸟属

分布地区：国内分布于内蒙古、黑龙江、吉林、辽宁、宁夏、河北、山西、陕西、甘肃和青海；自四川西部，东到江苏，南至海南岛。

鸟撞情况：未收到此类鸟种造成的鸟撞事件报告。

体型：体型中等，特征如表 A.8 所示。

表 A.8　椋鸟类鸟种体型特征表

鸟　种	体长/mm	体重/g
灰椋鸟	208(186~230)	83(74~92)
丝光椋鸟	205(184~221)	78(68~88)

机场鸟群生态特点：椋鸟冬季常在机场内草坪上结群奔走啄食，或于草地、农田、村庄上空结群绕飞，栖息于围界外的稀疏树木。夏季营巢于高大树木主干向阳处或电线杆顶端的洞穴中。飞行高度通常在 100 m 以下。迁徙季节常成数十只的大群飞行。

鸟情习性：椋鸟类通常在平原地区结群活动，在山区多活动于开阔地段，接近农田、水田的林缘。多成对或结成小群活动。飞行迅速，集数十只绕圈飞行。在树丛中栖息，在草坡、稻田觅食。繁殖期间成对活动，营巢在树洞、泥洞中。灰椋鸟繁殖于我国北部及东北，冬季迁徙经过我国南部。丝光椋鸟于我国华南及东南的大部分地区为留鸟，冬季分散至我国南方境外地区。

9. 类群：普通夜鹰

鸟种：普通夜鹰　Grey Nightjar　*Caprimulgus indicus*

分类：夜鹰目　夜鹰科　夜鹰属

分布地区：从内蒙古东北部的呼伦贝尔盟向西南至西藏东部以东的广大地区，包括海南。

鸟撞情况：2006~2017 年共统计到 1 起普通夜鹰造成的鸟撞事件，未造成损伤。

体型：体型中等，特征如表 A.9 所示。

表 A.9　普通夜鹰类鸟种体型特征表

鸟　种	体长/mm	体重/g
普通夜鹰	267(250~278)	85(61~109)

机场鸟群生态特点：普通夜鹰在我国各地机场为繁殖鸟或旅鸟，每年 4~10 月出现。常在夜间出现，从机场周边的树林飞来，回旋往复飞行于围界内草地和灌丛

上空,不会在地面停落。常见在机场围界内外上空飞行活动,飞捕草坪上空受灯光吸引的飞虫。飞行高度主要在 300 m 以下,常见单只或成对出现。

鸟情习性:普通夜鹰通常在夜间活动,黄昏时尤其活跃,不断在空中飞捕昆虫。主要栖息于阔叶林和针阔混交林中。飞时无声,两翼鼓动缓慢,有时甚至不动而浮翔或滑翔着;飞行作回旋状,间或由于捕虫突然曲曲折折地绕飞着。白天大都蹲伏在多树山坡的草地上面或树枝上。普通夜鹰 5~7 月繁殖,不营巢,卵产在地面上、岩石上或树丛间。昼间由雌鸟孵卵,晨昏由雄鸟接替。

10. 类群:雀鹰

鸟种:雀鹰　Eurasian Sparrowhawk　*Accipiter nisus*

分类:隼形目　鹰科　鹰属

分布地区:除新疆南部和西部、西藏北部和西部地区外,几乎遍布全国。

鸟撞情况:2006~2017 年共统计到 3 起雀鹰造成的鸟撞事件,均未造成损伤。

体型:体型中等,特征如表 A.10 所示。

表 A.10　雀鹰类鸟种体型特征表

鸟　种	体长/mm	体重/g
雀鹰	350(284~408)	150(110~265)

机场鸟群生态特点:雀鹰通常在机场周边树林栖息,单独活动,常见穿越机场飞行或在机场上空盘旋,在机场上空飞行,捕食机坪内活动的小鸟、鼠类、野兔和昆虫。飞行活动高度主要在 500 m 以下。北方机场常见为留鸟或夏候鸟,南方机场常见为旅鸟或冬候鸟。迁徙季节与其他猛禽混成十只左右小群。

鸟情习性:雀鹰是栖息范围相当广泛的候鸟,主要栖息于山地、平原、林区、农田、村镇等。常单独活动,并长时间在空中飞行,很少停息;飞翔敏捷,两翅鼓动很快,也长时间滑翔。视力敏锐,发现猎物可迅速捕捉。活动较隐蔽,很少在开阔地带活动,多在林间穿行,并多栖息树冠中、上部,护巢行为强烈。

11. 类群:隼类

鸟种:红隼　Common Kestrel　*Falco tinnunculus*
　　　　燕隼　Eurasian Hobby　*Falco subbuteo*

分类:隼形目　隼科　隼属

分布地区:几乎遍布全国。

鸟撞情况:2006~2017 年共统计到 47 起隼类造成的鸟撞事件,其中 5 起造成损伤。

体型:体型中等,特征如表 A.11 所示。

表 A.11 隼类鸟种体型特征表

鸟　种	体长/mm	体重/g
红隼	330(315~340)	290(191~335)
燕隼	280(179~335)	190(120~280)

机场鸟群生态特点：隼类常在机场地区的枯树、铁架、杆顶停留,或在飞行区上空飞行,单只或成 3~5 只小群活动。常见于机场周边的树林、村落、农田、草地、灌丛。捕食时猛扑猎物,常在地面或空中捕捉猎物。隼类常在机场上空盘旋或在机场内灯架、网杆上停留。飞行活动高度主要在 500 m 以下。

鸟情习性：隼类多栖息在开阔地,如农田、草原附近的疏林、灌丛。隼类多单独或成对活动。翅尖而飞行迅速,飞行时常作短距离滑翔,并能鼓动双翅在空中迎风停留,窥伺地面猎物,或停留在柱子或枯树上观察周围。一旦发现猎物,迅速向地面猛冲,或在空中追捕猎物。每年 4~8 月繁殖。在树枝上筑巢。喜占喜鹊巢。遇有体型大小相似的鸟类进入巢区时,有鸣叫和驱赶行为。隼类在我国大多数地区为候鸟,红隼在北部地区有部分留鸟。每年 3~4 月、9~10 月迁徙,迁徙时可见多种隼混群。

12. 类群：喜鹊类

鸟种：喜鹊　Black-billed Magpie　*Pica pica*

　　　　灰喜鹊　Azure-winged Magpie　*Cyanopica cyana*

分类：雀形目　鸦科　鹊属/灰喜鹊属

分布地区：国内除新疆南部、西藏北部和西部、内蒙古北部外,全国均有分布。

鸟撞情况：2006~2017 年共统计到 6 起喜鹊类造成的鸟撞事件,其中 1 起造成损伤。

体型：体型中等,特征如表 A.12 所示。

表 A.12 喜鹊类鸟种体型特征表

鸟　种	体长/mm	体重/g
喜鹊	466(402~508)	230(162~290)
灰喜鹊	351(309~399)	76(70~82)

机场鸟群生态特点：喜鹊类在我国各地机场是常见的留鸟,全年各月均可见其活动,主要栖息于机场周边的田野、村庄附近树木较多地带,也见于围界内的杂

草、芦苇、灌木地带觅食,偶见于灯光架等高架设备上筑巢。在各地均繁殖,繁殖期分散营巢于高树的顶端枝杈上。秋冬常见十余只一群飞行活动。飞行活动高度常见于 100 m 以下。偶有观察到喜鹊能够避让飞机往来作横穿跑道活动,但没有证据表明这种情况普遍存在。

鸟情习性:喜鹊类为我国各地常见的留鸟,除密林及荒漠外,无论山区、平原、草原及河流湖泊岸边,也不论乡村或城市,只要有人们从事农、牧业经济活动的地方,都可见其踪迹。一般多在开阔的耕地、河谷两岸荒坡及林缘、村落附近菜园、果园畜厩周围等处活动觅食,在觅食地树上休息,有时也停落屋顶休息,傍晚则飞到高大的树上过夜。繁殖时多单个或成对活动,幼鸟出巢后常以"家族式"成小群活动。喜鹊类通常在地面取食、在高大树杈上筑巢,一树 1~2 巢,巢为用树棍胡乱堆搭的拱圆形。喜鹊每年 3~4 月为主要营巢期,4~6 月为主要产卵、孵化期;灰喜鹊每年 5~6 月为繁殖期。一般一年一窝,但若在产卵期卵被破坏则会另补产卵。

13. **类群:斑鸠类**

鸟种:山斑鸠　Oriental Turtle Dove　*Streptopelia orientalis*

　　　　珠颈斑鸠　Spotted Dove　*Streptopelia chinensis*

分类:鸽形目　鸠鸽科　斑鸠属

分布地区:几乎遍布全国各地。

鸟撞情况:2006~2017 年共统计到 14 起斑鸠类造成的鸟撞事件,其中 4 起造成损伤。

体型:体型中等,特征如表 A.13 所示。

表 A.13　斑鸠类鸟种体型特征表

鸟　种	体长/mm	体重/g
山斑鸠	320(290~350)	230(175~323)
珠颈斑鸠	315(295~340)	175(150~205)

机场鸟群生态特点:斑鸠类常在机场及周边地区上空绕飞、穿越,或在机场机坪地面觅食、歇息,喜在跑道两端灯光地带的杂草丛中觅食,也见立于开阔道面。常结2~10 只小群活动。受干扰后缓缓振翅,贴地而飞。飞行活动高度主要在 100 m 以下。斑鸠类在机场周边栖息于树林、山脚及平原旷野处,巢通常建于乔木顶端。

鸟情习性:斑鸠类在我国绝大部分地区为留鸟,在东北部分地区有夏候鸟。栖息于多树地区或在丘陵、山脚或平原地区的草地上、郊野农田间或村庄。于繁殖季节多在山地,冬季迁至平原,常结群活动,亦见多种斑鸠混群。在树上停歇或觅食,也在地面觅食。飞行十分迅速,但不能持久。繁殖于 4~7 月,筑巢于树上或灌木丛间。

14. 类群：鸮类

鸟种： 纵纹腹小鸮　Little Owl　*Athene noctua*

短耳鸮　Short-eared Owl　*Asio flammeus*

长耳鸮　Long-eared Owl　*Asio otus*

分类： 鸮形目　鸱鸮科　小鸮属和耳鸮属

分布地区： 除新疆南部和西藏北部外，几乎遍布全国。

鸟撞情况： 2006~2017年共统计到16起鸮类造成的鸟撞事件，其中4起造成损伤。

体型： 体型中等，特征如表A.14所示。

表 A.14　鸮类鸟种体型特征表

鸟　种	体长/mm	体重/g
纵纹腹小鸮	224(202~256)	158(140~170)
短耳鸮	363(344~380)	345(264~450)

机场鸟群生态特点： 鸮类常于夜间进入机场活动，出现在机场草坪上空，或停落于围界、网杆、灯杆上。单只或成对活动。捕食机坪里活动的鼠类、野兔和灯光附近聚集的大型昆虫，常见停落在跑道两端起降指示灯架上。白天躲在周边树林中休息。常于夜间活动时被机场中架设的捕鸟网捕到。飞行活动主要在100 m以下。

鸟情习性： 鸮类栖息于林地、开阔的林园地带，或农田附近的大树上，喜有草的开阔地。纵纹腹小鸮和部分长耳鸮为留鸟，短耳鸮和长耳鸮为候鸟。越冬时多成小群。鸮类白天通常隐伏在树干近旁的树枝上或林中空地草丛中，黄昏时分开始活动。短耳鸮和长耳鸮是严格的夜行性鸟类，纵纹腹小鸮还能在白天活动。鸮类捕食返回栖息地数小时后开始吐出食物残块。

15. 类群：麦鸡类

鸟种： 凤头麦鸡　Northern Lapwing　*Vanellus vanellus*

灰头麦鸡　Grey-headed Lapwing　*Vanellus cinereus*

分类： 鸻形目　鸻科　麦鸡属

分布地区： 凤头麦鸡繁殖于我国北方大部分地区，越冬于北纬32°以南；灰头麦鸡繁殖于我国东北至江苏和福建，迁徙经华东和华中，越冬于云南及广东。

鸟撞情况： 2006~2017年共统计到5起麦鸡类造成的鸟撞事件，均未造成损伤。

体型： 体型中等，特征如表A.15所示。

表 A.15　麦鸡类鸟种体型特征表

鸟　种	体长/mm	体重/g
凤头麦鸡	307(275~345)	201(178~230)
灰头麦鸡	350(320~375)	265(205~330)

机场鸟群生态特点：麦鸡类通常在近水的开阔地带出现,如围界内的机坪、排水沟,围界外的草坪、河滩、稻田及沼泽。亦曾出现在跑道、停机坪上。常成 10 只左右小群。每年 10 月~次年 3 月在华东和华南地区机场出现,3~5 月初、8 月底~10 月底在华北、华东地区机场出现,5~8 月在北方及江苏、福建部分地区机场出现。在机场的飞行高度常见于 100 m 以下。

鸟情习性：麦鸡类为我国北方常见的繁殖鸟,春秋迁徙季节经过华北和华东,冬季在我国南方越冬。栖息于水域附近的沼泽、草地、水田、旱田、河滩和盐碱地等。多成对或结小群活动;凤头麦鸡在迁徙时长结成大群,可达上百只。飞行姿势似蝶状,振翅比较缓慢。冬季喜欢在麦地、菜地、豆地和绿肥田中觅食。每年 4 月中旬迁至繁殖地开始繁殖,占区性极强,很好斗,对于进入巢区的人和其他动物不停攻击和鸣叫,上下翻飞恫吓入侵者。营巢于沼泽矮丛中。主要天敌是雀鹰、喜鹊、乌鸦。

16. 类群：鸽类

鸟种：家鸽　Domestic pigeon　*Columba livia domestica*

分类：鸽形目　鸠鸽科　鸽属

分布地区：几乎遍布全国各地,依养鸽户的分布而分布。

鸟撞情况：2006~2017 年共统计到 70 起家鸽造成的鸟撞事件,其中 17 起造成损伤。

体型：体型中等,特征如表 A.16 所示。

表 A.16　鸽类鸟种体型特征表

鸟　种	体长/mm	体重/g
家鸽	320(295~355)	280(194~347)

机场鸟群生态特点：家鸽常在机场及周边地区上空盘旋、穿越,在耕地、垃圾堆、村庄空地上觅食,或在机场内草坪、道面上觅食、停留。常结 2~10 只小群活动。活动数量受饲养放飞数量和饲养地距机场距离影响显著,集中放飞时也有数十只或上百只的大群。飞行活动高度通常在 200 m 以下,偶尔可达 1 000 m。由于

家鸽体型中等,常成群在机场盘旋,且常带有鸽环、鸽哨等硬物,一旦撞击往往后果较为严重。

鸟情习性:一般认为家鸽是由原鸽驯化而来。家鸽具有本能的爱巢欲,归巢性强,同时又有野外觅食的能力。家鸽通常白天活动,晚间归巢栖息。在白天活动十分活跃,频繁采食饮水。晚上则在棚巢内安静休息。但是经过训练的信鸽若在傍晚前未赶回栖息地,可在夜色中飞翔,甚至可在夜间飞行。家鸽饲养规模各地情况不同。但家鸽有集群活动的习性,一般十多只或数百只集群,大都在饲养地周围活动,游荡、觅食,时而栖落于电线、屋顶等视野开阔的高处。鸽子反应机敏,易受惊扰,对巢周围的刺激反应十分敏感。闪光、怪音、移动的物体、异常颜色等均可引起鸽巢中的鸽群骚动和飞扑。鸽子具有很强的记忆力,对固定的饲料、饲养管理程序、环境条件和呼叫信号均能形成一定的习惯,甚至产生牢固的条件反射。

17. 类群:鸥类

鸟种:黑尾鸥　Black-tailed Gull　*Larus crassirostris*

　　　海鸥　Mew Gull　*Larus canus*

　　　红嘴鸥　Common Black-headed Gull　*Larus ridibundus*

分类:鸥形目　鸥科　鸥属

分布地区:繁殖于我国北方及东部,越冬于我国东部及北纬32°以南。

鸟撞情况:2006~2017年共统计到3起鸥类造成的鸟撞事件,其中1起造成损伤。

体型:体型中等,特征如表A.17所示。

表 A.17　鸥类鸟种体型特征表

鸟　种	体长/mm	体重/g
黑尾鸥	480(440~550)	550(400~1 010)
海鸥	500(481~521)	442
红嘴鸥	390(370~415)	255(204~270)

机场鸟群生态特点:鸥类常结3~5只小群,在机场机坪、跑道、滑行道上空飞行或停落觅食,或在草坪里筑巢繁殖,主要在排水沟、水池、水坑等淡水生境活动。飞行活动高度通常在500 m以下。

鸟情习性:鸥类在我国各地分别有夏候鸟、旅鸟和冬候鸟。主要栖息于沿海海岸和近海岛屿,以及开阔地带的河流、湖泊、水塘和沼泽中。成对或成小群活动。

常整天飞翔或伴随船只觅食,低空掠过水面,或在水面游荡,也集群于沿海渔场、垃圾场活动和觅食。有时也到河口、江河下游和附近的水库及沼泽地区。鸥类每年4~7月繁殖,通常于海岛悬崖峭壁的岩石平台或岩缝里营巢,也会在内陆湖泊和沼泽地中的土丘草丛间、地面营巢。繁殖期成群集中筑巢,冬季可达到数十只甚至上百只的大群。鸥类在繁殖期有较强的攻击性,对入侵动物和人会猛烈攻击,或俯冲鸣叫,久不离去。

18. **类群**:乌鸦类

鸟种:大嘴乌鸦　Large-billed Crow　*Corvus macrorhynchos*

　　　　小嘴乌鸦　Carrion Crow　*Corvus corone*

分类:雀形目　鸦科　鸦属

分布地区:全国各地均有分布。

鸟撞情况:2006~2017年共统计到3起乌鸦类造成的鸟撞事件,均未造成损伤。

体型:体型较大,特征如表A.18所示。

表 A.18　乌鸦类鸟种体型特征表

鸟　种	体长/mm	体重/g
大嘴乌鸦	475(412~560)	500(360~600)
小嘴乌鸦	502(435~560)	500(440~561)

机场鸟群生态特点:乌鸦通常在机场周边高树上停落,偶尔出现在机场上空盘旋,飞行高度可达100~500 m。在机场地区的草地、农田、湿地觅食,营巢于机场周边地区的高树上。秋冬季节常见大嘴乌鸦、小嘴乌鸦混成上百只大群活动在觅食地和栖息地活动。

鸟情习性:乌鸦性甚机警,鸟群中如果一鸟发出惊叫声,则全群一哄而散,飞向远方。除繁殖期成对生活外,一般成群生活,特别是冬季食物缺乏季节,常集结成大群或多种乌鸦结成混合种群。一般立春以后大群就逐渐分散成3~5只小群,或成对活动,逐步进入繁殖期。成群的乌鸦常围绕着受伤不能跑动的动物或死尸飞行和争食。在居民区附近的打谷场、猪圈、牛棚等地方,亦会有成群的乌鸦抢食饲料和谷物。

19. **类群**:鹭类

鸟种:白鹭 Little Egret　*Egretta garzetta*

　　　池鹭　Chinese Pond Heron　*Ardeola bacchus*

　　　夜鹭　Black-crowned Night Heron　*Nycticorax nycticorax*

苍鹭　Grey Heron *Ardea cinerea*

分类：雁形目　鹭科　白鹭属/池鹭属/夜鹭属/鹭属

分布地区：几乎遍布全国。

鸟撞情况：2006~2017 年共统计到 61 起鹭类造成的鸟撞事件,其中 12 起造成损伤。

体型：体型较大,特征如表 A.19 所示。

表 A.19　鹭类鸟种体型特征表

鸟　种	体长/mm	体重/g
白鹭	580(510~642)	430(350~500)
池鹭	475(425~525)	270(210~330)
夜鹭	550(480~656)	490(440~550)
苍鹭	980(930~1 003)	1450(1 310~1 900)

机场鸟群生态特点：鹭类通常在机场地区的排水沟、鱼塘、水田、沼泽、河流、湖泊等水体的浅水域觅食,喜稻田、河岸、沙滩、泥滩及沿海小溪流,在附近的树林停息和筑巢。大雨过后,鹭类会在围界内草地低洼积水处盘旋或停落。常在往返于觅食地和栖息地之间时飞越机场上空。通常成 2~5 只小群觅食活动,筑巢繁殖、迁飞和越冬时常成上百只大群。飞行缓慢,高度通常在 100 m 以下。大部分鹭类为昼行性,而夜鹭主要在晨昏和夜间活动。

鸟情习性：鹭类通常栖息于低山和平原地区的湖泊、沼泽、河流、滩涂、稻田及树林中。常单个或结小群涉水觅食,站立在浅水处,腿常缩起一只于腹下。性机警,飞行缓慢。越冬时常集成数百只的大群。夜鹭常白天隐蔽在沼泽或灌丛间,晨昏或夜间活动。繁殖期在 4~6 月,多集群营巢在水域附近的岩壁、树冠上或芦苇丛中。常见多种鹭类混群营巢。

20. 类群：鸭类

鸟种：绿头鸭　Mallard　*Anas platyrhynchos*

　　　斑嘴鸭　Spot-billed Duck　*Anas poecilorhyncha*

　　　绿翅鸭　Common Teal　*Anas crecca*

分类：雁形目　鸭科　河鸭属

分布地区：几乎遍布全国。

鸟撞情况：2006~2017 年共统计到 12 起鸭类造成的鸟撞事件,其中 6 起造成损伤。

体型：体型较大,特征如表 A. 20 所示。

表 A. 20　鸭类鸟种体型特征表

鸟　　种	体长/mm	体重/g
绿头鸭	550(515~615)	1 000(910~1 250)
斑嘴鸭	580(547~638)	1 128(890~1 340)
绿翅鸭	359(306~398)	250(205~398)

机场鸟群生态特点：鸭类通常在迁徙季节结群从高空飞越机场,或在机场周边人少的水域、岸边、湖泊中觅食活动,在机场周边的滩头、草地营巢。常成对或成数十只的小群栖息,多种鸭类混群活动。觅食地和栖息地位于机场两侧时,鸭类主要在晨昏频繁穿越机场。飞行活动高度通常在 500 m 以下,迁徙季节时飞越机场高度可达上千米。

鸟情习性：鸭类在我国各地均为候鸟。栖居于远离人类活动的浅而水生植物丰富的湖泊、池沼,冬季在水库、江湾、河口等处。总是多种鸭类结群活动,在越冬地区常见到百余只大群,换羽和秋季迁徙时常集结成数百只的大群。鸭类每年 4~7 月繁殖,7~8 月换羽,3~4 月、8~10 月迁徙。巢筑在湖泊、河流沿岸的杂草垛中,蒲苇滩里的旱地上,倒木下的凹陷处,稠密的禾本科草丛中以及堤岸附近的浅穴里,有时也筑在大树枝杈间以及其他鸟类的旧巢中。换羽期白天隐匿于蒲苇滩中,夜里结群出现于明滩上。

21. 类群：雉鸡类

鸟种：雉鸡　Common Pheasant　*Phasianus colchicus*

分类：鸡形目　雉科　雉属

分布地区：除西藏羌塘高原及海南岛外,几乎遍布全国。

鸟撞情况：2006~2017 年共统计到 27 起雉鸡造成的鸟撞事件,其中 12 起造成损伤。

体型：体型较大,特征如表 A. 21 所示。

表 A. 21　雉鸡类鸟种体型特征表

鸟　　种	体长/mm	体重/g
雉鸡	650(490~868)	1 000(455~1 210)

机场鸟群生态特点：雉鸡为我国机场地区常见鸟类。围界管理较好的机场,

围界内雉鸡活动能得到有效减少。通常在机场地区的草地、灌丛、林下、村庄活动。雄鸟单独或成小群活动,雌鸟与其雏鸟偶尔与其他鸟混群,5 只左右成群,在开阔林地、灌木丛及农耕地中觅食,在草地凹陷处筑巢。觅食机场内的草籽、草根、土壤动物等。一年四季均有活动,晨昏鸣叫频繁。飞行活动高度常见于 20 m 以下。

鸟情习性: 雉鸡在我国各地均为留鸟,常见于大片庄稼地附近,主要栖息在山区灌木丛、小竹簇、草丛、山谷甸子及林缘草地等处。脚强健,善于奔走。飞行很有力,不过飞行距离短。平时多潜伏草间觅食;如受到惊动,就在稠密草堆中窜匿,隐蔽不了时才骤然振翅飞起。在几次拍翅后,就能飞得相当迅速,但飞得不远。雉鸡常结成小群到居民点附近的耕地上觅食谷类、豆类。春天喜在播地时啄食谷粒和禾苗,秋收后常集群在耕地上觅食收割余下的农作物。雉鸡在南方繁殖期为 3~4 月,在北方繁殖期为 6~7 月。巢一般筑在草丛或芦苇间的地面凹陷处。

22. 类群: 鵟类

鸟种: 普通鵟　Common Buzzard　*Buteo buteo*

　　　　大鵟　Red-rumped Swallow　*Buteo hemilasius*

分类: 隼形目　鹰科　鵟属

分布地区: 除新疆南部和西藏北部,几乎遍布全国。

鸟撞情况: 2006~2017 年共统计到 2 起鵟类造成的鸟撞事件,其中 1 起造成损伤。

体型: 体型较大,特征如表 A.22 所示。

表 A.22　鵟类鸟种体型特征表

鸟　种	体长/mm	体重/g
普通鵟	530(505~560)	950(700~1 150)
大鵟	556(446~676)	1 600(1 100~2 100)

机场鸟群生态特点: 常见鵟类在机场上空盘旋翱翔或迁飞经过,迁徙季节或冬季可见 10 只左右的小群。鵟类会借助机场上空的上升热气流盘旋高飞,在热气上翱翔觅食。亦见鵟类捕食机坪中的鼠类和野兔,或停落围界内的灯杆等高处,歇息或伺机捕食。飞行高度通常在 800 m 以下。

鸟情习性: 鵟类栖息环境较开阔,栖息地多样。主要在山地森林,也到草原、农田和村庄附近活动。飞行灵活,常作环形翱翔。视觉敏锐,或在盘旋中等待猎物,或停栖于树上、电线杆上、小土丘等高处窥伺猎物。当发现猎物时,立即叠起双翅,突然俯冲猛扑下来,十分凶猛。常单独活动,冬季成小群。鹭类为我国广布的候鸟,东北也有部分大鹭是留鸟。繁殖期为 4~8 月,于树枝上筑巢。每年 3~5 月、9~10 月迁徙。

23. 类群:雁类

鸟种: 灰雁　Greylag Goose　*Anser anser*

　　　豆雁　Bean Goose　*Anser fabalis*

分类: 雁形目　鸭科　雁属

分布地区: 除西藏外,各地均有分布。

鸟撞情况: 2006~2017 年未统计到雁类造成的鸟撞事件。

体型: 体型较大,特征如表 A.23 所示。

表 A.23　雁类鸟种体型特征表

鸟　种	体长/mm	体重/g
灰雁	825(700~880)	2 900(2 100~3 750)
豆雁	810(728~860)	2 850(2 300~3 680)

机场鸟群生态特点: 雁类通常在迁徙季节结群从高空飞越机场,或在机场周边人少的岸边、湖泊中活动。常成数十只甚至上百只的大群飞行或栖息活动,也有不同种雁类混群活动。距离很远就能听到鸣叫。飞行活动高度常见于 500 m 以下,迁徙季节飞越机场高度可达上千米。

鸟情习性: 雁类在我国为常见候鸟。常栖息在水生植物丛生的水边或沼泽地,也停息于河湾、河中的沙洲,有时也游荡在湖泊中。在繁殖和换羽期间经常到水中活动。雁类在平时成对地或数只至数十只结成小群活动,迁徙时常结成上百只的大群。雁类繁殖于我国北方大部分地区,结小群在我国南部及中部的湖泊越冬。雁类每年 4~5 月繁殖,营巢通常在水边、沼泽地或泥滩的水草丛中。每年 2~4 月、9~10 月结群迁徙。每年 6~8 月换羽,其间结群百余只,隐蔽在蒲苇丛生、人迹罕至的地方。

综上,我国机场地区常见鸟群种类、习性和分布如表 A.24 所述,并根据我国大部分地区的主要机场附近区域各类鸟群活动规律、生存习性以及鸟撞事件鉴定结果,我国机场鸟群分布及总体鸟环境的大致规律总结如下。

(1)在小型鸟类中(图 A.1[1]),种群数量大、常见集大群活动的鸟类有分布广泛的燕类、雨燕类、椋鸟类,以及分布于东南沿海及内陆部分湿地地区的鸻类、鸥类。这些鸟类虽然体型小,但在繁殖地或迁徙期,会集成数百只大群飞行活动,甚至进入机场道面或机坪草地活动,曾有机场运行受严重影响或鸟撞损伤的情况,因

表 A.24 我国机场鸟群分布统计情况汇总表

类群	鸟种	重量/g	机场常见飞行高度/m	集群数量	分布地区	出现时节	撞击次数	损伤次数
燕类	家燕	15(13~22)	200 m 以下	20~100只混群,秋季迁徙时可达数100只	夏季几乎遍布全国	每年3~9月,晨昏或天气即将变化	231	1
	金腰燕	20(18~30)						
麻雀	麻雀	23(20~26)	20 m 以下	10只左右,秋冬数十只甚至上百只	全国	全年	133	6
云雀类	云雀	30(22~35)	200 m 以下	10只左右	繁殖在我国北方和西北,东北地区,冬季迁至东北南部,华东,东南地区	北方春夏季可见,南方全年可见	35	0
	小云雀	31(24~60)			我国中部以南地区			
鹎类	白头鹎	34(26~43)	100 m 以下	10只左右	主要在长江以南广大地区,近年在华北地区也有出现	全年	11	0
	黄臀鹎	32(27~40)						
雨燕类	楼燕	34(25~41)	300 m 以下	30~100只,或100只以上	国内除新疆南部,西藏北部和西部外,全国均有分布	候鸟春秋迁徙季节常见于北方机场,全年常见于南方机场	13	0
	白腰雨燕	44(34~49)						
鸻类	金眶鸻	36(30~45)	100 m 以下	单独或成小群进食,迁徙期常与其他涉禽集上百只大群觅食及迁飞	几乎遍布全国	春夏秋季	19	2
	东方鸻	90(79~105)						
	环颈鸻	40(33~47)						
戴胜	戴胜	69(60~90)	50 m 以下	单独或成对	几乎遍布全国	一般在江北为夏候鸟,在江南为留鸟	4	0
椋鸟类	灰椋鸟	83(74~92)	100 m 以下	数十只,夏秋季集上百只大群	内蒙古,黑龙江,吉林,辽宁,宁夏,河北,山西,陕西,甘肃和青海;自四川西部,东到江苏,南至海南岛	繁殖于我国北部及东北,冬季迁徙经过我国南部	0	0
	丝光椋鸟	78(68~88)				全年		

续 表

类群	鸟种	重量/g	机场常见飞行高度/m	集群数量	分布地区	出现时节	撞击次数	损伤次数
普通夜鹰	普通夜鹰	85(61~109)	300 m 以下	单只或成对	从内蒙古东北部的呼伦贝尔向西南至西藏东部以东的广大地区,包括海南	4~10 月	1	0
雀鹰	雀鹰	150(110~265)	500 m 以下	单独活动,迁徙季节与其他猛禽混成十只左右小群	除新疆南部和西部、西藏北部和西部地区外,几乎遍布全国	北方机场常见为留鸟或候鸟,南方机场常见为候鸟或冬候鸟	3	0
隼类	红隼	290(191~335)	500 m 以下	3~5 只小群,迁徙时可见多种猛禽混成数十只的混群	几乎遍布全国	隼类在我国大多数地区为候鸟,红隼在北部地区有部分留鸟	47	5
	燕隼	190(120~280)						
喜鹊类	喜鹊	230(162~290)	100 m 以下	2~20 只	除新疆南部、西藏北部和西部、内蒙古北部外,全国均有分布	全年	6	1
	灰喜鹊	76(70~82)						
斑鸠类	山斑鸠	230(175~323)	100 m 以下	2~10 只	几乎遍布全国	东北为夏季,其他地区全年	14	4
	珠颈斑鸠	175(150~205)						
鸮类	纵纹腹小鸮	158(140~170)	100 m 以下	单独或成对	除新疆南部和西藏北部外,几乎遍布全国	全年	16	4
	短耳鸮	345(264~450)						
	长耳鸮	260(214~305)						
麦鸡类	凤头麦鸡	201(178~230)	100 m 以下	10 只左右,迁徙时达上百只	繁殖于我国北方大部分地区,越冬于北纬 32°以南	10 月~次年 3 月在华东和华南地区机场出现,3 月~5 月初,8 月底~10 月底在华北、华东地区机场出现	5	0
	灰头麦鸡	265(205~330)			繁殖于我国东北至江苏和福建,迁徙经华东和华中,越冬于云南及广东	5~8 月在北方及江苏、福建部分地区机场出现		
鸽类	家鸽	280(194~347)	通常在 200 m 以下,偶尔可达 1 000 m	依养鸽情况,通常 2~10 只,集中放飞会数十只成群	几乎遍布全国	全年	70	17

续 表

类群	鸟种	重量/g	机场常见飞行高度/m	集群数量	分布地区	出现时节	撞击次数	损伤次数
鸥类	黑尾鸥	550(400~1 010)	500 m 以下	数十只,迁徙及越冬可达上百只	繁殖于我国北方及东部,越冬于我国东部及北纬32°以南	在我国各地分别有夏候鸟,旅鸟和冬候鸟	3	1
	海鸥	442						
	红嘴鸥	255(204~270)						
乌鸦类	大嘴乌鸦	500(360~600)	100~500 m	冬季上百只	几乎遍布全国	全年可见,鸟群冬季常见	3	0
	小嘴乌鸦	500(440~561)						
鹭类	白鹭	430(350~500)	100 m 以下	2~5只小群觅食活动,筑巢繁殖,迁飞和越冬时常常成上百只大群	几乎遍布全国	大部分鹭类为昼行性,而夜鹭主要在晨昏和夜间活动	61	12
	池鹭	270(210~330)						
	夜鹭	490(440~550)						
	苍鹭	1 450(1 310~1 900)						
鸭类	绿头鸭	1 000(910~1 250)	500 m 以下,迁徙季节时飞越机场高度可达上千米	数十只,常混群;迁徙时数百只混群	几乎遍布全国	北方春夏季可见,南方秋冬季可见	12	6
	斑嘴鸭	1 128(890~1 340)						
	绿翅鸭	250(205~398)						
雉鸡类	雉鸡	1 000(455~1 210)	20 m 以下	5只左右	除西藏羌塘高原及海南岛外,几遍全国	全年	27	12
鸬类	普通鸬	950(700~1 150)	800 m 以下	单独活动,迁徙季或冬季10只左右小群	除新疆南部和西藏北部,几乎遍布全国	鸬类为我国广布的候鸟,东北也有部分大鸬是留鸟	2	1
	大鸬	1 600(1 100~2 100)						
雁类	灰雁	2 900(2 100~3 750)	常见于500 m以下,迁徙季节飞越机场高度可达上千米	数十只甚至上百只	除西藏外,各地均有分布	繁殖于我国北方大部地区,结小群在我国南部及中部的湖泊越冬	0	0
	豆雁	2 850(2 300~3 680)						

家燕
体长150~197 mm
体重13~22 g

楼燕
体长163~190 mm
体重25~41 g

云雀
体长170~185 mm
体重22~35 g

金眶鸻
体长156~178 mm
体重30~45 g

灰椋鸟
体长186~230 mm
体重74~92 g

麻雀
体长124~146 mm
体重20~26 g

图 A.1　小型鸟类图谱及体征

此也普遍认为鸟撞风险较高。

（2）在中型鸟类中（图 A.2[1]），家鸽以及斑鸠类鸟类通常集成 10 只左右的小群，但由于社会环境及自然环境，此类鸟类在大部分机场周边全年常见，甚至部分机场周边有集中训放上百只信鸽的情况，家鸽以及斑鸠类导致鸟撞损伤的情况较为突出。

家鸽
体长295~355 mm
体重194~347 g

山斑鸠
体长290~350 mm
体重175~323 g

图 A.2　中型鸟类图谱及体征

（3）体型较大、在我国各地分布广泛、种群数量大、全年集群活动的鸟类有鹭类、雁类、鸭类等多种湿地鸟类（图 A.3[1]），尤其夏季在繁殖地、冬季在越冬地常集成数十上百只大群飞行活动,因此这些鸟类在大部分地区的机场均被作为高风险鸟类加以防范。

苍鹭
体长930~1003 mm
体重1310~1900 g

豆雁
体长728~860 mm
体重2300~3680 g

绿头鸭
体长515~615 mm
体重910~1250 g

雄

雌

图A.3 大型鸟类图谱及体征

(4)在春、秋季候鸟迁飞时期,多种候鸟在迁徙过程中会集成较大的群或混群,甚至包括日常较少集群活动的隼类、鸢类、雀鹰等也会集成数十只混群迁飞,由于我国分布有东部、中部、西部等多条候鸟迁徙路线区域,东南沿海地区机场分布密集,飞行运行量大,同时也处于东亚—澳大利亚候鸟迁徙路线的重要位置上,因此我国受候鸟迁徙影响的区域实际上非常广泛,影响程度较强。

从全国范围来看,在我国机场及周边地区,存在鸟撞风险的鸟类既有体重超过3 kg、数量能达数十只的雁类鸟群,也有体重仅约15 g但个体数能达上百只的燕类鸟群,全年都广泛分布有多种、大量的鸟群活动,由于全国各地广泛受到候鸟活动影响,不同地区的机场在不同时间段所面临的高风险鸟类的种类、行为习性差异较大。

虽然由于环境污染等问题,我国的鸟类多样性正在减少,但是根据《地球生命力报告·中国2015》[2],1970~2010年,我国留鸟种群数量却上升42.76%,其中,1970~2000年我国留鸟种群数量保持稳定,2000年后则显著上升,这可能受益于我国20世纪90年代后有效的枪支管制措施。从地域上来看,由于生态环境良好、候鸟活动集中且机场分布密集、起降架次多等自然环境和运行环境特点,华东、中南、华北地区的机场所面临的鸟撞问题更为复杂,形势更为严峻,尤其华东和中南地区也是机场责任区鸟撞和鸟撞事故征候连年多发的区域。

根据我国航空运输总周转量连续多年稳居世界第二的发展趋势,未来我国航空运输市场仍将保持高速增长态势。航班量的快速增长,使用高涵道比发动机的大型航空器日益增多,同时我国生态环境也在逐步改善,这些因素共同加剧了鸟类对民航飞行安全的威胁,给民用机场鸟撞防范工作提出了更高的要求。

参考文献：

[1]　约翰·马敬能,卡伦·菲利普斯,何芬奇.中国鸟类野外手册[M].长沙：湖南教育出版社,2000.

[2]　世界自然基金会,中国环境与发展国际合作委员会.地球生命力报告·中国 2015[R].北京,2015.

附录 B

我国民航鸟撞航空器统计信息
（2006～2017 年）

　　根据中国民航鸟撞航空器防范信息网和中国民用航空安全信息网、中国民航维修网收集的鸟撞信息数据源，对我国民航鸟撞航空器信息进行了统计分析。这些鸟撞信息一般由各机场、航空公司、空管部门和航空器维修机构等单位提供，且绝大部分鸟撞信息经机场监管部门与当事航空器维修部门和飞行机组等现场工作人员多方确认后提交。

B.1　总体情况分析

　　2006～2017 年，共统计到鸟撞信息 30 000 余条（确定发生在境外的鸟撞事件未纳入统计），造成损伤 3 000 余起，约占鸟撞总数的 10%；其中构成一般事故征候 1 500 余起，约占鸟撞总数的 5%，而约占损伤事件数的 50%。鸟撞、损伤以及一般事故征候数量持续增长，且鸟撞连年成为第一大事故征候类型，如表 B.1 所示。

表 B.1　2006～2017 年中国和美国的民航鸟撞/动物撞击事件统计

年份 /年	中国民航[①]						美国民航[②]		
	鸟撞事件	损伤事件	征候[③]	损伤占总鸟撞事件数百分比	征候占鸟撞事件数百分比	征候占损伤事件数百分比	动物撞击事件	损伤事件	损伤占总鸟撞事件数百分比
2006	217	115	45	53.00%	20.74%	39.13%	4 757	386	8.11%
2007	326 (50.2%)[④]	168 (46.1%)	50 (11.1%)	51.53%	15.34%	29.76%	4 860 (2.2%)	338 (−12.4%)	6.95%

续　表

年份/年	中国民航						美国民航		
	鸟撞事件	损伤事件	征候	损伤占总鸟撞事件数百分比	征候占鸟撞事件数百分比	征候占损伤事件数百分比	动物撞击事件	损伤事件	损伤占总鸟撞事件数百分比
2008	432 (32.5%)	130 (−22.6%)	46 (−8.0%)	30.09%	10.65%	35.38%	4 442 (−8.6%)	324 (−4.1%)	7.29%
2009	733 (69.7%)	179 (37.7%)	72 (56.5%)	24.42%	9.82%	40.22%	5 877 (32.3%)	371 (14.5%)	6.31%
2010	971 (32.5%)	197 (10.1%)	109 (51.4%)	20.29%	11.23%	55.33%	5 776 (−1.7%)	358 (−3.5%)	6.20%
2011	1 538 (58.4%)	252 (27.9%)	127 (16.5%)	16.38%	8.26%	50.40%	5 719 (−1.0%)	320 (−10.6%)	5.60%
2012	2 603 (69.2%)	301 (19.4%)	144 (13.4%)	11.56%	5.53%	47.84%	6 146 (7.5%)	369 (15.3%)	6.00%
2013	3 124 (20.0%)	312 (3.7%)	160 (11.1%)	9.99%	5.12%	51.28%	6 276 (2.1%)	308 (−16.5%)	4.91%
2014	3 375 (8.0%)	277 (−11.2%)	187 (16.9%)	8.21%	5.54%	67.51%	7 966 (26.9%)	328 (6.5%)	4.12%
2015	3 816 (13.1%)	268 (−3.2%)	185 (−1.1%)	7.02%	4.85%	69.03%	7 843 (−1.5%)	335 (2.1%)	4.27%
2016	4 681 (22.7%)	408 (52.2%)	202 (9.2%)	8.72%	4.32%	49.51%	7 662 (−2.3%)	345 (3.0%)	4.50%
2017	9 312 (98.9%)	552 (35.3%)	269 (33.2%)	5.93%	2.89%	48.73%	8 246 (7.6%)	394 (14.2%)	4.78%
平均	2 594 (43.20%)	263 (17.76%)	133 (19.11%)	20.60%	8.69%	48.68%	6 298 (5.77%)	348 (0.77%)	5.75%
合计	31 128	3 159	1 596	—	—	—	75 570	4 176	—

① 2017 年之前数据包含鸟撞信息报告系统、航空安全信息系统、航空器使用困难报告等多源鸟撞数据。自 2018 年开始,因数据统计方式变更,没有再列出后续年份相关数据。

② 美国民航的数据来自参考文献[12],仅包含美国境内的商业航空运输飞机遭遇野生动物撞击的数据(其中 90%以上的为鸟撞数据)。

③ "征候"均指"一般事故征候",即航空器受损超标。

④ 各年份的(*)为相比于上一年度的增长比例,在平均行中(*)为各年度增长比例的平均值。

对比美国民航(商业运输航空)野生动物撞击事件及损伤数量(详见表 B. 1 及图 B. 1)[1-12],中国民航鸟撞事件数量一直大幅度低于美国民航的野生动物撞击数量,但持续呈现出逐年上升的趋势。中国民航的鸟撞损伤数量占鸟撞总数的百分比变化较大,基本呈现出自 2008 年起下降至较低水平的趋势,但与美国民航的受损比例仍有一定差距。自 2008 年起,鸟撞和机场责任区鸟撞报告数量及万架次率均大幅度增加,构成事故征候的鸟撞占鸟撞总数的比例大幅度下降;同时,《民用航空安全信息管理规定》(CCAR - 396)和《民用机场运行安全管理规定》(CCAR - 140)分别于 2005 年和 2008 年发布实施,民航各级单位和人员对安全信息报告工作进一步提高了重视,信息报告数量和质量大幅度提升,原来仅重视严重后果事件报告的情况逐渐扭转。

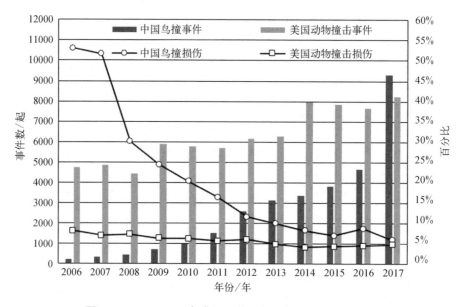

图 B. 1   2006~2017 年中国和美国民航鸟撞及损伤统计图

表 B. 2   2006~2017 年中国和美国的民航鸟撞/动物撞击万架次率统计

年份/年	中 国 民 航			美 国 民 航	
	鸟撞事件	损伤事件	征 候	动物撞击	损伤事件
2006	0. 622	0. 330	0. 129	1. 682	0. 136
2007	0. 827	0. 419	0. 127	1. 709	0. 119
2008	1. 022	0. 308	0. 109	1. 590	0. 116
2009	1. 514	0. 370	0. 149	2. 310	0. 146

续 表

年份/年	中国民航			美国民航	
	鸟撞事件	损伤事件	征 候	动物撞击	损伤事件
2010	1.756	0.356	0.197	2.305	0.143
2011	2.572	0.421	0.212	2.278	0.127
2012	3.942	0.456	0.218	2.470	0.148
2013	4.270	0.426	0.219	2.552	0.125
2014	4.254	0.349	0.236	3.263	0.134
2015	4.455	0.313	0.216	3.192	0.136
2016	5.067	0.422	0.219	3.088	0.139
2017	9.106	0.540	0.263	3.291	0.157
平均	3.284	0.393	0.191	2.478	0.136

与美国民航野生动物撞击及损伤万架次率对比(详见表 B.2 和图 B.2)[1-12],
中国民航鸟撞万架次率在 2012 年以前年增幅更大,鸟撞万架次率在 2011 年超过
美国民航,在 2015 更是达到美国民航的约 1.4 倍;鸟撞损伤万架次率持续高于美

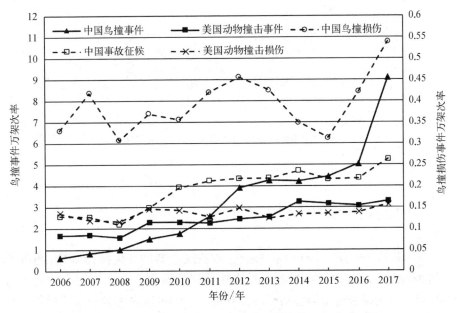

图 B.2 2006~2017 年中国与美国的民航鸟撞万架次率对比

国民航,平均约是美国民航的 3 倍;中国民航的鸟撞事故征候万架次率也均高于美国民航的损伤万架次率。可见,近年中国民航的鸟撞及损伤的发生概率均已高于美国民航,鸟撞风险不容忽视。从鸟撞事件及损伤事件的绝对数量上来看,中国的鸟撞事件数量远小于美国的鸟撞事件数量,主要是因为中国的航空器运行架次和周转量远少于美国,但鸟撞损伤事件数量相近,导致中国的鸟撞航空器损伤率偏高;根据第 3 章中对美国 2006~2019 年的鸟撞能量统计分析,大冲击能量值对应的鸟撞航空器事件远多于中国,这说明美国的大质量鸟类远多于中国。

B.2 鸟撞损伤事件统计

2006~2017 年,鸟撞航空器事件中仍以无损伤事件为主,约占鸟撞事件总数的90%,如图 B.3 所示。鸟撞导致航空器损伤的数量每年同比有增有减,但增幅远大于减幅,总体呈现出增长趋势,而增幅则低于鸟撞事件总数的增幅。

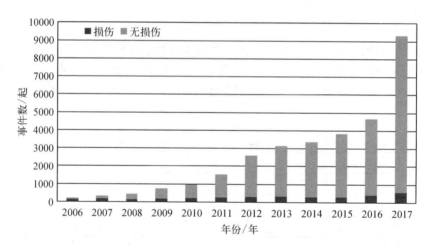

图 B.3 2006~2017 年中国民航鸟撞事件统计

B.3 鸟撞损伤部位统计

2006~2017 年,有 1 200 余起未报告鸟撞航空器的任何撞击部位,约占 5%。造成这种情况的原因包括:① 报告信息中明确提及未在航空器上发现鸟撞残留物;② 起飞机场报告鸟撞但着陆机场没有报告;③ 在报告内容中未提供机务检查信息或鸟撞残留物信息。

2006～2017 年的鸟撞部位依次集中在发动机、机翼、雷达罩、风挡等部位,特别是鸟撞发生比例最高的部位发动机占比约 40%;鸟撞损伤依次集中发生在发动机、机翼、机尾和雷达罩等部位,如图 B.4 和图 B.5 所示。发动机的结构、部件和运转特点导致飞鸟不仅可能飞进发动机,还有可能被吸入发动机,因此发生鸟撞的比例最高,而且击中发动机易造成后果较为严重的损坏,鸟撞发动机损伤的比例也最高。同时,以各部位发生的损伤占该部位鸟撞数量的百分比计算各部位鸟撞造成的损伤率,机尾发生鸟撞比例较低但鸟撞损伤率远高于其他部位(航灯除外),一

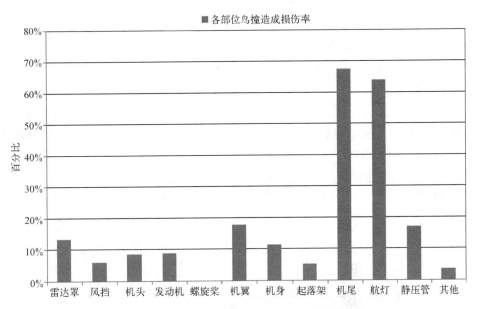

图 B.4 2006～2017 年各部位发生鸟撞损伤率

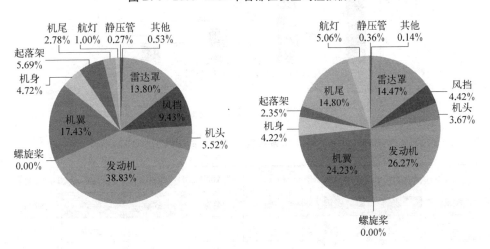

图 B.5 2006～2017 年鸟撞部位(左图)及其造成的损伤(右图)统计

旦发生鸟撞则往往更容易造成损伤超标;航灯的鸟撞损伤率虽仅次于机尾,也远高于其他部位,航灯虽然被击后易破损,但损伤程度通常不列为超手册标准。

B.4　鸟撞飞行高度及飞行阶段统计

B.4.1　鸟撞发生飞行高度

2006~2017 年共有 5 500 余起鸟撞事件报告了发生高度,约占鸟撞事件报告总数的 18%;600 余起鸟撞损伤事件报告了发生高度,约占损伤事件总数的 22%。在已知高度的鸟撞事件中,鸟撞损伤事件约占 13%。在确定高度的鸟撞信息中,鸟撞较为集中发生于 0~100 m 高度区域,约 50%,但鸟撞损伤则各高度区间分布差异不大,如图 B.6 所示。以各高度区间的鸟撞损伤数量占该高度区间鸟撞数的百分比计算各高度区间鸟撞造成的损伤率看出,0~100 m 高度鸟撞发生比例最高但鸟撞造成的损伤率最低,2 500 m 以上高度鸟撞发生比例最低但鸟撞造成的损伤率最高。分析各高度区间造成损伤的鸟撞鸟类类群,如表 B.3 所示,同时报告了鸟撞发生高度和撞击物种的损伤报告共有 50 余起,其中 0~100 m 高度造成损伤的撞击物种报告相对较多,发现的物种种类也相对较多。家鸽在 1 000 m 以下空间造成的损伤报告最多。

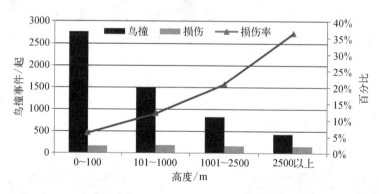

图 B.6　2006~2017 年鸟撞高度统计

表 B.3　2006~2017 年各高度区间鸟撞损伤的鸟类类群统计

高度 0~100 m		高度 101~1 000 m		高度 1 001~2 500 m		高度 2 500 m 以上	
类群	数量	类群	数量	类群	数量	类群	数量
全部	33	全部	13	全部	4	全部	4
家鸽	8	家鸽	6	鸢	1	翠鸟	1

续 表

高度 0~100 m		高度 101~1 000 m		高度 1 001~2 500 m		高度 2 500 m 以上	
类群	数量	类群	数量	类群	数量	类群	数量
雉	5	鹭	3	鸮	1	杜鹃	1
隼	4	鸮	1	隼	1	鸹	1
鹰	3	燕	1	鹬	1	鸭	1
鹭	3	鸭	1				
麻雀	4	鹰	1				
斑鸠	2						
鸭	1						
鹬	1						
鹊	1						
蝙蝠	1						

B.4.2　鸟撞发生飞行阶段

2006~2017 年共有 7 500 余起信息报告了鸟撞发生的飞行阶段,约占鸟撞事件总数的 24%;1 000 余起鸟撞损伤报告了发生的飞行阶段,约占鸟撞损伤总数的 32%。其中,起飞、初始爬升、进近、着陆等四个低高度阶段共发生鸟撞 6 800 余起,约占确定飞行阶段鸟撞的 90%;共发生鸟撞损伤 820 余起,约占确定飞行阶段鸟撞损伤的 80%,特别是进近阶段有 330 余起,为鸟撞损伤最为高发的飞行阶段,如图 B.7 所示。

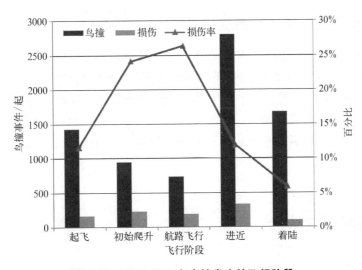

图 B.7　2006~2017 年鸟撞发生的飞行阶段

以各飞行阶段的鸟撞损伤占该飞行阶段鸟撞总数的百分比计算各飞行阶段鸟撞损伤率发现,航路飞行和初始爬升的鸟撞损伤率均较高。分析各飞行阶段造成损伤的鸟撞鸟类类群,如表 B.4 所示,同时报告了鸟撞发生飞行阶段和撞击物种的报告共有 60 余起。家鸽造成的损伤出现在了低高度的所有四个飞行阶段且数量最多。

表 B.4   2006~2017 年各飞行阶段鸟撞损伤的鸟类类群统计

起 飞		初始爬升		航路飞行		进 近		着 陆	
类群	数量	类群	数量	类群	数量	类群	数量	类群	数量
全部	15	全部	14	全部	5	全部	17	全部	12
雉	7	家鸽	4	翠鸟	1	家鸽	6	隼	2
家鸽	5	鹭	4	莺	1	鹰	2	雉	2
鹰	1	鸭	4	杜鹃	1	鹭	2	家鸽	1
鹭	1	隼	1	鸻	1	斑鸠	1	麻雀	4
鸭	1	鹰	1	鹬	1	麻雀	1	斑鸠	1
						鸮	1	鹊	1
						鹬	1	蝙蝠	1
						鸻	1		
						燕	1		
						隼	1		

B.4.3   鸟撞发生的飞行高度和飞行阶段的综合分析

综合分析鸟撞发生的飞行阶段和飞行高度信息发现,中低空区域是各种体型、行为的鸟类都会存在的高度层,鸟类活动数量、密度较高,是鸟撞高发的区域;在巡航飞行阶段或 1 000 m 以上的中高空区域,通常是隼形目、雁形目、鹤形目、鹳形目等鸟类进行日常飞行或迁徙飞行活动,这些类群数量分布相对较少但体型较大,故鸟撞发生数量较少但后果往往较为严重,而家鸽的活动范围覆盖了 1 000 m 以下的中低空域。

B.5   鸟撞速度统计

2006~2017 年共有 530 余起信息报告了鸟撞发生时航空器的飞行速度,约占鸟撞事件总数的 2%;近 100 起鸟撞损伤事件报告了发生鸟撞时的飞行速度,约占鸟撞损伤总数的 3%,如图 B.8 所示,即飞行速度越快,发生的鸟撞损伤数量越多。

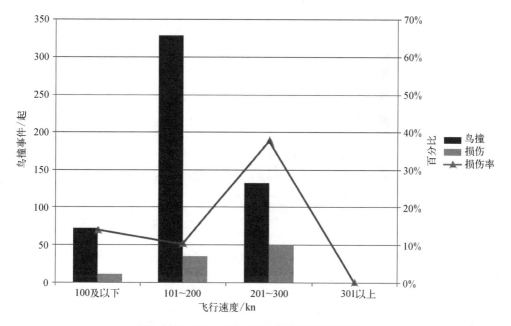

图 B.8　2006~2017 年鸟撞发生的飞行速度

B.6　鸟撞物种统计

2006~2017 年共有近 1 000 起鸟撞信息经识别或鉴定后上报了发生撞击的物种,约占鸟撞总数的 3%;近 100 起鸟撞损伤报告了撞击物种信息,约占鸟撞损伤总数的 3%。鸟撞报告中的撞击物种信息,涉及的物种绝大部分为常见的、易辨认的物种,甚至上报的部分物种名为俗称。上报的物种信息多为对鸟撞残留的动物个体、肢体、特征羽毛等易辨认材料进行初步辨识得出的结果。而对于难以辨识的血迹、肌肉、皮肤、非特征羽毛等鸟撞残留物,大部分未进行专业的物种鉴定或未将鉴定结果补充上报至鸟撞信息中。

为便于归类分析,将撞击物种信息按类群统计,共统计到 40 个鸟类类群以及蝙蝠类,如表 B.5 所示。多发类群有燕类、麻雀类、家鸽、鹭类以及蝙蝠类等,其中家鸽和雉类、鹭类造成的损伤数量较多。通过查阅文献中各种(类)鸟的体重,如图 B.9 所示,统计发现 500 g 以上体重的鸟类撞击损伤率超过 40%,包括部分雉类、大型猛禽和鹭类等;200~299 g 的鸟类撞击损伤率也较高,包括家鸽以及常见的鹭类、隼类。各不同飞行高度和飞行阶段的鸟类物种如表 B. 3 和表 B. 4 所示。

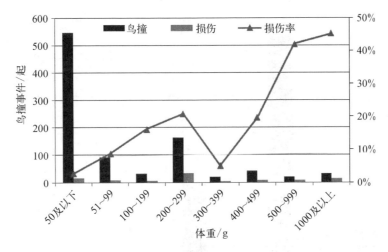

图 B. 9　2006~2017 年撞击物种的体重统计

表 B.5　2006~2017 年鸟撞类群统计

序号	类 群	鸟撞数量	损伤数量	序号	类 群	鸟撞数量	损伤数量
1	燕	231	1	13	鹡鸰	17	0
2	麻雀	133	6	14	鸮	16	4
3	家鸽	70	17	15	鹬	15	4
4	蝙蝠	67	3	16	斑鸠	14	4
5	鹭	61	12	17	雨燕	13	0
6	隼	47	5	18	鸭	11	5
7	百灵	43	0	19	鸦	11	1
8	雉	28	13	20	鹎	11	0
9	莺	26	2	21	伯劳	11	0
10	鹟	21	2	22	鸫	10	3
11	鸽	19	2	23	杜鹃	9	1
12	鹰	17	5	24	麦鸡	6	0

续　表

序号	类　群	鸟撞数量	损伤数量	序号	类　群	鸟撞数量	损伤数量
25	雀	6	0	34	黄鹂	1	0
26	鹊	5	1	35	卷尾	1	0
27	戴胜	4	0	36	山雀	1	0
28	鸦	4	0	37	扇尾莺	1	0
29	秧鸡	4	0	38	太阳鸟	1	0
30	鸥	3	1	39	绣眼鸟	1	0
31	啄木鸟	2	0	40	夜鹰	1	0
32	翠鸟	1	1	41	沙鸡	1	0
33	鹗	1	0				

B.7　鸟撞季节统计

2006~2017 年的鸟撞发生季节规律为春、秋两季高发,尤其以秋季 9 月最为突出,如图 B.10 所示。这与我国常见鸟类的繁殖、迁徙等高风险鸟类行为活动规律相符,季节规律明显,表现出鲜明的中国自然地理特点。春季 3~5 月候鸟北迁,鸟类飞行活动活跃,鸟撞发生逐渐增加;夏季 6~8 月,鸟类到达繁殖地开始繁殖活动

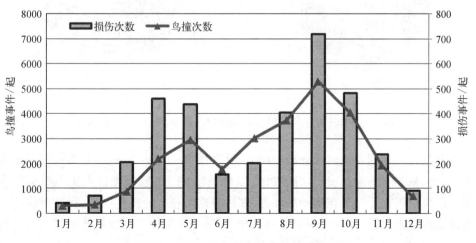

图 B.10　2006~2017 年鸟撞发生的季节规律

飞行活动相对高度降低,飞行活动范围集中于繁殖地与觅食地环境,鸟撞发生减少;9、10 月,鸟类经过繁殖季后鸟类数量达到全年最多,并开始向南迁飞,形成了较春季还要多的迁飞候鸟数量,鸟撞发生形成了全年的最高峰;11 月至次年 2 月的深秋及冬季,我国北方鸟类活动减少,越冬候鸟主要在我国南方活动,甚至大量候鸟迁至我国境外越冬,因此鸟类飞行数量较少,范围较小,形成了全年鸟撞发生的最低谷。

B.8 鸟撞时段统计

2006~2017 年的大部分鸟撞报告没有报送鸟撞发生时间,为更加全面地掌握鸟撞发生时间规律,中国民航鸟撞航空器防范信息网根据鸟撞经过描述和航班起降情况(大多为航班计划起降时间)等信息,推断出鸟撞发生时段(即黎明、白天、黄昏、夜间),使得确定发生时段的鸟撞比例提高到 77.73%。已知鸟撞时段的报告中,白天比夜间发生的鸟撞占比多约 3%,而夜间鸟撞损伤的占比较白天高约 20%;夜间发生鸟撞的损伤率约为 6%,为所有时段最高,如图 B.11所示。

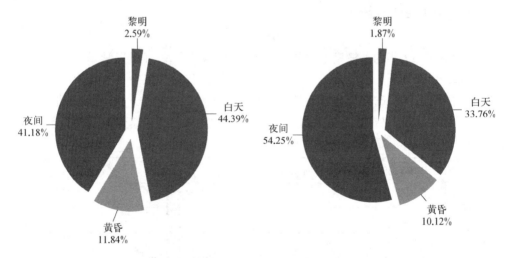

图 B.11 2006~2017 年鸟撞事件(左图)及损伤(右图)发生时段统计

分析各月鸟撞发生时段分布如图 B.12 和图 B.13 所示。每月均有夜间鸟撞发生,在春、秋季节鸟撞及损伤均高发,尤以秋季(9 月)鸟撞及损伤发生数量最为突出。除鸮类等夜行鸟类在夜间活动外,多种通常为昼行的候鸟在春、秋季节也会在夜间集群迁徙飞行,尤其经历夏季繁殖期后,秋季迁徙的鸟群数量较春季迁徙有较大增加,达到全年鸟类活动数量的最高峰。

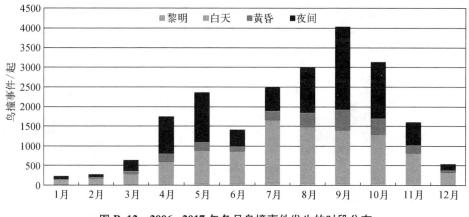

图 B.12 2006~2017 年各月鸟撞事件发生的时段分布

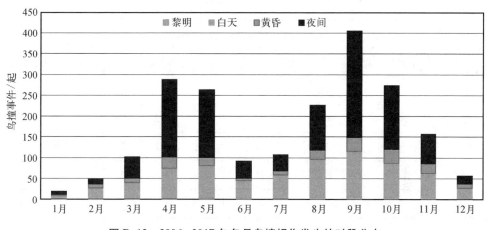

图 B.13 2006~2017 年各月鸟撞损伤发生的时段分布

B.9 鸟撞地区统计

2006~2017 年共有近 7 000 起鸟撞能够确定发生地区,约占鸟撞总数的 25.51%。在民航七大地区中,鸟撞高发地区依次为华东、中南、华北和西南地区,鸟撞损伤发生区域也以华东、中南地区明显较高,如图 B.14 所示。统计各地区造成鸟撞损伤的鸟类类群发现,近 70 起报告中,家鸽在其中六个地区共造成了 10 余起鸟撞损伤,雉类在四个地区共造成了起鸟撞损伤,为分布广泛、各地风险均较高的鸟类类群,如表 B.6 所示。

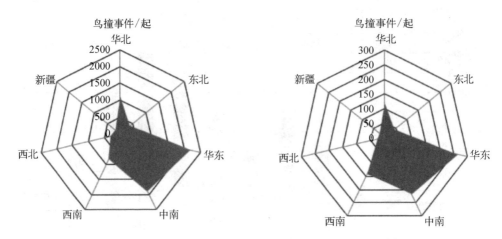

图 B.14　2006~2017 年鸟撞事件（左图）及损伤（右图）发生地区分布

表 B.6　2006~2017 年各地区鸟撞损伤的鸟类类群统计表

华　东		中　南		华　北		西　南		东　北		新　疆		西　北	
类群	数量	类群	数量	类群	数量	类群	数量	类群	数量	类群	数量	类群	数量
全部	18	全部	14	全部	11	全部	10	全部	5	全部	5	全部	4
雉	6	蝙蝠	2	隼	3	家鸽	5	隼	2	家鸽	3	鹰	1
鹭	5	翠鸟	1	家鸽	3	麻雀	2	家鸽	1	鹰	1	雉	1
家鸽	3	家鸽	1	鸭	2	鹭	1	雉	1	雉	1	鹨	1
麻雀	3	麻雀	1	斑鸠	1	鸭	1	鸭	1			燕	1
杜鹃	1	鹊	1	鹬	1	鹰	1						
		莺	1	雉	1								
		斑鸠	1										
		鸻	1										
		鹨	1										
		鸭	1										
		鹰	1										
		鹭	1										
		鹬	1										

B.10　中国民航鸟撞特点

根据 2006～2017 年中国民航鸟撞事件及损伤统计情况,中国的民用航空器遭遇鸟撞特点总结如下。

(1)鸟撞、损伤的数量及万架次率持续增长,鸟撞损伤率较高;随着信息报告工作的不断提升,鸟撞损伤率逐年下降;鸟撞及损伤的数量大幅低于美国民航,但鸟撞及损伤的发生概率均高于美国民航,鸟撞风险不容忽视。

(2)鸟撞导致航空器损伤的数量每年同比有增有减,但增幅远大于减幅,总体呈现出增长趋势,而增幅则低于鸟撞总数的增幅。

(3)鸟撞损伤依次集中发生在发动机、机翼、机尾和雷达罩等部位,机尾发生鸟撞比例较低但鸟撞损伤率远高于其他部位。

(4)春、秋季为鸟撞高发季节,尤其以秋季 9 月最为突出;夜间是鸟撞和损伤高发时段,春、秋季更是夜间鸟撞和损伤的高发季节,与我国常见鸟类的繁殖、迁徙等高风险鸟类行为活动规律相符。

(5)华东、中南、华北及西南地区依次是鸟撞高发区域,尤其华东和中南地区是鸟撞损伤连年多发的区域。由于生态环境良好、候鸟活动集中且机场分布密集、起降架次多等自然环境和运行环境特点,华东、中南地区的机场所面临的鸟撞问题更为复杂,形势更为严峻。

(6)低高度和地面区域为鸟撞和损伤多发阶段,发现的物种种类也相对较多。进近阶段鸟撞发生最多,而初始爬升和航路飞行阶段鸟撞损伤率最高。在初始爬升、航路飞行或 1 000 m 以上的高高度层鸟撞发生较少,但鸟撞损伤率最高。

(7)鸟撞发生时航空器的飞行速度报告数量较少,飞行速度越快,发生的鸟撞损伤数量越多。

(8)撞击多发类群有燕类、麻雀类、家鸽、鹭类以及蝙蝠类,其中家鸽和雉类、鹭类造成的损伤数量较多,且分布广泛,各地风险均较高。雉类、大型猛禽和鹭类等 500 g 以上体重的鸟类撞击损伤率最高,其次为家鸽以及常见的鹭类、隼类等200～299 g 的鸟类。

参考文献:

[1]　中国民用航空局机场司,中国民航局航空安全技术中心. 2007 年度中国民航鸟击航空器事件数据分析报告[R]. 北京,2008.
[2]　中国民用航空局机场司,中国民航局航空安全技术中心. 2008 年度中国民航鸟击航空器事件数据分析报告[R]. 北京,2009.

[3] 中国民用航空局机场司,国民航局航空安全技术中心.2009 年度中国民航鸟击航空器事件数据分析报告[R].北京,2010.

[4] 中国民用航空局机场司,中国民航科学技术研究院.2010 年度中国民航鸟击航空器事件数据分析报告[R].北京,2011.

[5] 中国民用航空局机场司,中国民航科学技术研究院.2011 年度中国民航鸟击航空器事件分析报告[R].北京,2012.

[6] 中国民用航空局机场司,中国民航科学技术研究院.2012 年度中国民航鸟击航空器事件分析报告[R].北京,2013.

[7] 中国民用航空局机场司,中国民航科学技术研究院.2013 年度中国民航鸟击航空器信息分析报告[R].北京,2014.

[8] 中国民用航空局机场司,中国民航科学技术研究院.2014 年度中国民航鸟击航空器信息分析报告[R].北京,2015.

[9] 中国民用航空局机场司,中国民航科学技术研究院.2015 年度中国民航鸟击航空器信息分析报告[R].北京,2016.

[10] 中国民用航空局机场司,中国民航科学技术研究院.2016 年度中国民航鸟击航空器信息分析报告[R].北京,2017.

[11] 中国民用航空局机场司,中国民航科学技术研究院.2017 年度中国民航鸟击航空器信息分析报告[R].北京,2018.

[12] Dolbeer R A, Begier M J, Miller P R, et al. Wildlife Strikes to Civil Aircraft in the United States, 1990 – 2019[R]. Washington, 2021.

附表 A
鸟弹制作记录表

鸟弹制作记录表

试验项目名称：　　　　　　　　　　　　　　　　　　　日期：

编号	环境温度/℃	环境湿度/%	致死时间	活鸟质量/g	包装前鸟体质量/g	包装物质量/g	鸟弹总质量/g	弹壳质量/g	完成时间	制作人	记录人	备注

附表 B
鸟弹质量检验表

鸟弹质量检验表

试验项目名称：　　　　　　　　　　　　　　　　　　日期：

序号	自　检			互　检			检　验			是否合格	备注
	活鸡质量/g	包装物质量/g	鸟弹质量/g	活鸡质量/g	包装物质量/g	鸟弹质量/g	活鸡质量/g	包装物质量/g	鸟弹质量/g		
签字											
签字											
签字											
签字											
签字											
签字											
签字											

相关质量标准如下：
鸟弹质量 $m = 1\ 800 \pm 10$ g、$3\ 600 \pm 10$ g，密度 $9.4 \sim 9.7$ g/mm^3

附表 C
试验前检查记录表

试验前检查记录表

试验项目名称：   日期：

序号	检 查 项 目	检 查	确认	责任人
1	试验件经过验收，无目视损伤	图号：		
2	试验件安装正确，气炮瞄准在误差范围内	撞击点：		
3	应变片经过检测，粘贴位置准确			
4	动态应变仪设置正确，经过校正			
5	激光测速系统设置正确，经过校正	激光测速系统 1		
		激光测速系统 2		
		激光测速系统 3		
6	高速摄像 1 布置准确，设置正确，成像清晰	位置： 分辨率： 帧数：		
7	高速摄像 2 布置准确，设置正确，成像清晰	位置： 分辨率： 帧数：		
8	高速摄像 3 布置准确，设置正确，成像清晰	位置： 分辨率： 帧数：		
9	气炮系统完好，可靠			
10	数据采集系统联通可靠，设置正确			
11	各系统联通可靠，触发设置正确			

应变片编号	数据线编号	桥盒编号	应变仪编号	对应数采通道	存储文件编号	电阻值	校正	结果

应变片灵敏系数：

桥压：   增益：   滤波截止频率：

附表 D

试验现场记录表

试验现场记录表

试验项目名称：   日期：

序号	环境温度/℃	环境湿度/%	试验件撞击区域温度/℃	设定压力/MPa	目标速度/(m/s)	鸟弹速度/(m/s)			发射时间	备注
						激光测速1	激光测速2	激光测速3		

试验后检查：

记录人：_____

附表 E

明胶鸟弹制作记录表

明胶鸟弹制作记录表

试验项目名称：　　　　　　　　　　　　　　　　　　　　　　　日期：

编号	环境温度/℃	环境湿度/%	配方/g 清水：食用明胶：羧甲基纤维素钠	发泡粒子/g	搅拌时间/min	冰箱温度/℃	冷却时间/h	包装物质量/g	明胶弹总质量/g	弹壳质量/g	制作人	记录人	备注

附表 F
鸟弹质量检验表

明胶鸟弹质量检验表

试验项目名称：   日期：

序号	自 检		互 检		检 验		是否合格	备注
	包装物质量/g	明胶弹质量/g	包装物质量/g	明胶弹质量/g	包装物质量/g	明胶弹质量/g		
签字								
签字								
签字								
签字								
签字								
签字								
签字								
相关质量标准如下：明胶弹体质量 $m = 1\,800 \pm 10$ g、$3\,600 \pm 10$ g，密度 $9.4 \sim 9.7$ g/mm^3